# 清代河務檔案

QINGDAI HEWU DANG'AN

《清代河務檔案》編寫組 編

8

廣西師范大學出版社
GUANGXI NORMAL UNIVERSITY PRESS
·桂林·

# 第八册目録

# 河東河道總督奏事摺底（六）

一

八月初二

奏為節逾處暑黃水盛漲已消兩岸各廳險工搶
廂抛護平穩現仍加謹督防恭摺具陳仰祈
聖鑒事竊照黃河伏汛安瀾督飭慎防秋漲情形臣
於七月十六日具
奏後即出省上堤溯查西上歷下南中河上南由

滎澤北渡西至黃沁武陟縣復折回東行順查
衛粮祥河下北計兩岸上游七廳已閱一週途
次據甘肅甯夏府呈報黃河水勢於七月初六
日泛漲起至初七日陸續共漲水七尺四寸已
入峽口誌椿七字四刻跡河南陝州呈報萬錦
灘黃河於七月二十日午時並二十四日寅時

兩次共長水七尺八寸黃沁廳呈報武陟沁河

於七月十一日卯未兩時並十四日卯已兩時

及二十四日午未申三時七次共長水一丈五

尺當二十四日沁黃並漲之時下注猛驟各廳

積長水四五六尺不等大溜湍激勢若排山浩

瀚奔騰聲如雷鳴且溜勢提坐不定凡淤閉舊

埽着河摧枯拉朽立時滙塌險工疊出 臣 督飭
各道廳往来廂補或抛護磚石幾致搶辦不遑
而中河廳尤為奇險其中牟下汛三堡臨黄處
所先後原抛磚石壩垛二十一道當長水驟落
全河側注溜力較勁一夜之間掣塌壩垛十五
道滙塌堤唇寬数尺及丈餘該處内靠深塘皮

岌可危適臣在工目擊心悸飭令將所塌埧埽
擇明尚有根底者加拋出水用資挑禦其迎溜喫
重段落趕廂護埽捍衛一面催司籌撥錢糧接
濟添購料物備用布置妥協後責成開歸道駐
工督辦竭六晝夜之力始克搶廂拋護平定現
在長水已報遞消各廳廂作雖未停手而大局

可以放心所有先後補廂之工除尚須盤壓者
另容核
奏外其勘明已竣之工謹彙繕另片恭呈
御覽惟秋汛尚長來源旺弱難測且秋濤迅利淘底
搜根修守仍應慎重各廳料物經此次盛漲搶
工後動用一空不得不酌量添辦以免用時缺

乏致有貽悞當隨時飭令可省即省斷不任稍
有虛糜以重
帑項再上南中河祥河三廳本年辦過土工於報
完後先經該管各道驗收具稟臣按廳覆驗丈
尺敷足雖試飽滿尚無草率偷減之處容將工
段丈尺銀數核明後另行具

奏所有節逾處暑黃水盛漲已消兩岸險工廂埽

平穩緣由理合恭摺具陳伏乞

皇太后

皇上聖鑒謹

奏

同治元年八月初二日具

奏於八月二十四日奉到

議政王軍機大臣奉

旨工部知道欽此

八月初二

附一片

再各廳先後報廂之工勘明業經辦竣者係南岸上南河廳鄭州上汛頭堡邵家寨二壩下首空檔埽二段係道光二十九年停修並胡家屯順堤十六埽至二十四埽係咸豐十年緩修因水漲溜注朽底陸續匯淨當即照段補還計補廂新埽十一段中河廳中牟下汛十二堡戧壩

藏頭埽並頭二埽迎下空檔頭二埽托頭坝藏
頭埽及頭二埽迎下空檔頭二埽托二坝頭二
埽計埽工十二段均係咸豐十年停修底料朽
腐因河溜側注搜刷盡淨照段補廂下南河廳
祥符上汛二十一堡新三坝上首空檔順堤埽
四段二十二堡舊二坝埽工七段俱係停修舊

工底料捫朽因河水增長急溜逼刷各腐底先後滙淨分投補廂新埽十一段又該廳陳摺汛六堡工頭起至十堡上首第一段工尾止舊有有防風埽工朽腐無存各該堡地勢低窪堤身土性沙鬆每遇汛漲上灘串注隄根風浪撞擊暗險堪虞趕即補廂防風埽工七段計長一千

二百三十丈用資捍衛北岸祥河廳祥符上汛十五堡魚鱗挑水兩垻中間空檔埽三段並人字垻埽工七段及十六堡埽靠埽工五段均係上年緩修舊底朽腐水漲溜逼陸續刷揭分投按段補還以上各工經該管開歸道德蔭河北道周煦徵督飭各廳營廂辦穩實臣按工勘驗

辦理俱屬合宜抵禦汎漲甚為得力其餘卑矮埽段亦皆加廂高整理合附片陳明謹

奏

同治元年八月初二日附

奏於八月二十四日奉到

議政王軍機大臣奉

旨工部知道欽此

八月初二日

# 附一片

再臣於衛糧廳途次接准

欽差勝大臣移咨軍務摺稿內奏明南路情形緊要不

可稍緩請

嚴飭河南巡撫速移兵進剿以救危急而防竄突其科

場一事雖係掄才鉅典而較之軍務緩急輕重

實覺懸殊未可顧此失彼貽悞大局且河督黃

學政景其濬均在省垣似亦無難代為料

理等因臣因思

恩科鄉試鉅典攸關如奉

旨改派臣監臨自應敬謹將事當即趕赴中河廳屬

險工督搶平穩後於七月二十五日旋省撫臣

先於二十三日回汴嗣准移咨同治元年七月

十九日内閣奉

上諭河南省軍務未竣巡撫鄭元善現在出省剿辦

捻匪所有本年壬戌恩科鄉試著派河東河道總

督黃 入闈監臨欽此並准撫標官另咨摺稿已于二十五日奏明

河工秋汛為日正長中河上南現報險工迭出

河臣已親赴工次督率搶護正關緊要萬難脫

身回省現距入闈不過十日為時過促未及具
奏請
旨撫臣業經回省請照例辦理監臨事宜以昭慎重
等因臣自當專事修防惟疊據各州縣探報皖
捻大股出巢西竄分擾淮甯太康西華郾城鄢
陵臨頴許州等境或云一二萬或云七八萬雖賊數

未必的確而要之勢甚猖獗連日省垣迎車行行近城親王僧　已
派撥馬隊追剿堵遏赴西北則省城緊要撫臣
既入闈監臨如有警信臣仍當與司道籌商防
堵隨時兼顧斷不敢稍分畛域理合附片具陳
伏乞
聖鑒謹

奏

同治元年八月初二日附

奏於八月二十四日奉到

議政王軍机大臣奉

旨知道了欽此

奏稿

奏爲盤查豫省開歸河北兩道河庫錢糧無虧恭

摺具

奏仰祈

聖鑒事竊照豫東兩省黄運四道庫存各項銀兩每

歲年終例由河臣盤查

奏報所有咸豐十一年分年終盤庫一案前經飭據開歸河北二道將庫存銀兩造具冊摺詳送前來臣於二月十八日就近先將開歸道庫盤查茲乘周歷兩岸各廳防汛勘工之便於七月十八日親赴武陟縣河北道庫逐款盤查開歸道庫應存銀六百四十九兩二錢九分六厘五

毫河北道庫應存銀二百七十三兩七分二厘

一毫當堂核對庫簿冊籍均屬相符彈兌平色

亦皆足實並無虧短俟查開歸河北二道應發

各廳修防錢糧向以司庫為來源並有道庫額

存之款湊墊每歲霜降安瀾以後由司將找撥

不敷之項全數撥還道庫藉資周轉前數年因

墊發之款司庫撥還甚微積欠纍纍即常年籌
撥歸料搶險之需亦不能寬俱係隨撥隨發以
致道庫早空無項可墊每遇險工深虞錢糧不
能應手致有貽悞侍深焦灼現在惟有嚴催藩
司將例撥添撥額款赶緊籌發拮据以期工用
無缺保護安瀾合併陳明除東省運河兖沂兩

道庫俟臣赴濟再行盤查具
奏外所有盤過豫省開歸河北兩道庫錢糧無虧
緣由理合循例恭摺具
奏伏乞
皇太后
皇上聖鑒謹

奏

同治元年八月初二日具

奏。於八月二十四日奉到

議政王軍機大臣奉

旨知道了。欽此。

八月初二日

奏稿

奏為咸豐十一年分運河辦過另案工程各廳因
領款折耗已多苦累籲懇
天恩免其核減追賠恭摺瀝陳仰祈
聖鑒事竊照咸豐十一年分奏修運河緊要工程先
經工部議令 分別刪減擇其至要之工估辦俟

勘定後專摺奏再由部臣酌核辦理當經飭
據運河道詳稱咸豐十一年分運河各廳修過
[illegible]案工程委係擇其要中之最要工段請辦所
估銀數先經節次驗飭刪減不能再減仍請照原奏
銀數報銷經臣復查屬寔於[illegible][illegible][illegible][illegible][illegible]專摺
奏

奏奉

旨工部議奏欽此現准工部咨以[illegible]河各工[illegible]殘[illegible]過甚自應擇要興[illegible]際此籌款維艱之時[illegible]有工程可減即減擬請援照咸豐十年運河各工核減成案於此案工用銀內酌減一成以歸撙節着落承辦各員分成賠繳等因奉

旨依議欽此咨行到臣本應遵照辦理惟近年運河
修辦各工因領款折耗已多苦累若再將已辦
工核減追賠更屬不堪言狀不得不將實在
情形瀝陳於
聖主之前仰乞
恩施查東省運河亘長一千一百二十餘里其間湖

河堤埧閘座土石工程鱗次櫛比易於損壞定例每年奏修各工用銀不准[illegible][illegible]萬[illegible][illegible]計全酒現銀已須擇要[illegible][illegible][illegible]年以來因庫款支絀業經遞減至八萬二千餘兩日以五銀五鈔支發除寶鈔不值一錢不計外僅用寔銀四萬餘兩以運河五廳分派每廳牽計攤另案銀數不

足一萬兩凡有殘塌緊要萬不可緩之工不能
不估修近兩年復以捐輸之項劃作工用折耗
九、夕各廳辦工實已苦累前此奉部將咸豐十
年分另案銀數徑減一成因偶然一次不得不
通辦而承辦各廳已力不能[illegible]然今[illegible][illegible]年分
另案銀數援照又徑減一成其苦累更將不堪伏思運

河修工錢糧近年司庫既不能撥發即、所撥亦
微祗以捐輸之項作為修辦緊要之工、程尚可不
足若必欲歲歲核減則數年之間運河另案、可
以全裁捐輸勢必因之停止河道祗可聽其殘
廢不獨汛漲旁溢民田廬舍咸成澤國賦無所
出並多賑卹之資且慮災黎勾結災黎為患而

河路不能往來商賈不通於臨清關稅亦屬有
碍臣專司河務不敢不再通盤籌慮據實直陳
籲懇
天恩俯念運河各廳承參武以十一年分另案工程
因領款折耗已多苦累免其著賠則各員感戴沐
鴻慈於無既為此恭摺具

奏狀乞

皇太后

皇上聖鑒訓示謹

奏同治元年八月初二日具

奏於八月二十四日奉到

議政王軍機大臣奉

八月十五日

旨著照所請該部知道欽此

奏稿

調補廣東巡撫河東河道總督臣黃贊湯跪

奏為恭謝

天恩恭摺陳感悚下忱仰祈

聖鑒事竊臣於八月初五日恭接閱邸鈔欽奉

上諭廣東巡撫著黃　補授黃　現在代辦河

南鄉試監臨著俟場務完竣後再赴新任黃

未到任以前廣東巡撫仍著勞崇光兼署欽此同
日又奉
上諭江東河道總督著譚　暫行兼署欽此並准
河南撫臣鄭　知會恭接
廷寄欽奉
上諭黃　雖已簡放廣東巡撫惟秋汛為日正長

中河上南現在險工疊出譚遠在兗州恐一
時尤難兼顧仍著黃駐工丞員督率防險工
平穩後再行來京請訓等因欽此當即恭設香案
臣
闕叩謝
天恩訖伏念臣才識庸愚未諳吏治咸豐九年蒙

文宗顯皇帝補授河東河道總督適值司庫支絀餉需
拮据四載以來悉心講求勉力支持幸保安瀾
闕兢惕之時深究涓埃之未報
臣素有怔忡之症復因長年河干積受潮濕
[illegible]骸不時酸痛上年[illegible]曾奏蒙
恩准賞假一月調理雖旋即銷假而舊[illegible]復蒙
恩補授廣東巡撫聞

命自大感悚無地竊思廣東地處邊境幅幀遼濶政
務殷繁非久任封疆大吏不足以資治理臣於地方
事宜諸未歷練倘不能以負疚滋深（非輕）惟臣受
三朝知遇之恩際此時勢（事）多艱曷敢不勉竭駑駘以期
共濟查東河現在情形河瀏順適各廳已辦工
程盤壓穩固（實）節交白露瞬屆霜降似可預卜安

瀾容臣細察河勢如能悉臻妥協可以啟竣即

擬將河督關防送交譚　兼署臣仍諏吉入

都跪聆

皇太后

皇上訓誨廑於察吏安民經武防之要……謹遵循

所有微臣感悚下忱理合繕摺恭謝

天恩伏乞

皇太后

皇上一一鑒訓示謹

奏同治元年八月十五日具奏於閏八月初一日奉到

議政王軍機大臣奉

旨知道了欽此

八月十五日

調補廣東巡撫河東河道總督臣〇〇跪

奏為節屆白露謹陳黃河水勢[illegible]祈

聖鑒事竊臣於八月初一日[illegible]節逾處暑黃水盛漲

[illegible]河兩岸各廳險工搶廂抛護平穩仍加謹慎

防緣由具

奏後旬餘以來雖僅據黃沁廳呈報武陟沁河於

八月初四日申時長水一尺五寸而天時陰晴不定上游雨水滙注存積不消溜勢仍形湍激以秋濤迅利搜淘根底舊埽滙出固應搶補新埽刷蟄亦應加廂并有必須拋護磚石之處其上南中河二廳臨黃埽壩尺寸較長更為緊要出奇險該二廳為南岸保障設有疏虞關係非細

是以臣雖交卸有期不敢稍遺餘力仍督飭道

廳營汛員弁分投搶護一[illegible]款撥

[illegible]接濟務保安瀾[illegible]重之中力求撙節不

[illegible]稍有虛糜以期用省工堅仰紓

宸廑所有各廳廂辦已竣驗明工段係北岸黃沁廳

武陟汛馬工桃水垻尾空檔埽迤上埽工六段

咸豐十年分緩修又挑水壩尾舊埽空檔自六
埽至八埽九年分停修底料均已糟朽泌黃並
灘河勢裡卧湧注摟淘先後汕淨按段補還新
帶九段衛粮廳封印汛內圈埝第九段下首起
二壩前六埽以下埽工七段[illegible]二埽[illegible]首埽工
三段共計十段均係咸豐十一年緩修之工舊

底朽腐淄勢側注逼刷不移陸續塌盡照段補

還以上各工經該管河北道[illegible][illegible]督同[illegible]廳營

廂辦穩實其餘埽[illegible]各[illegible]亦俱加廂高整足資

抵禦現在長水雖已漸消而二東撫臣譚

遠在兗州一時不能兼顧臣仍當欽遵

諭旨督飭道廳將各工搶辦平穩再行定期交卸以

重河防所有節屆白露黃河水勢工程情形理

合恭摺具奏伏乞

皇太后

皇上聖鑒謹

奏

同治元年八月十五日具

奏於閏八月初一日奉到

議、政王軍機大臣奉

旨知道了欽此

八月十五日

奏稿

奏為查明六月分各湖存水尺寸並繕清單恭摺

仰祈

聖鑒事竊照嘉慶十九年六月內欽奉

上諭湖水所收尺寸每月查開清單具奏一次等因欽

此所有五月分湖水尺寸業經臣繕單具

奏在案茲據署運河道宗稷辰將六月分各湖存
水尺寸開摺禀報前來臣查微山湖定誌收水
在一丈四尺以內前因豐工漫溢灌注量驗湖
底積受新淤恐不敷濟運經前河臣李　會同
前山東撫臣崇　奏奉
上諭加收一尺以誌樁存水一丈五尺為度本年五月

分存水一丈二尺五寸五分六月内長水二寸宮存水一丈二尺七寸五分[illegible][illegible][illegible]六[illegible]水小一尺五分此外昭[illegible][illegible][illegible]湖長水自九分至一[illegible][illegible]寸計昭陽湖存水五尺二寸南陽湖存水四尺南旺湖存水二尺二寸八分獨山湖存水六尺三寸馬場湖存水四尺四分蜀山湖存水

四尺四寸二分馬踏湖存水二尺一寸八分以上各湖存水除南旺馬場蜀山三湖比上年六[illegible]水小一尺六寸及一尺二寸一分並一尺一[illegible]外餘俱較大自二寸二一尺一寸不等查六日內東省瀕河一帶連得雨澤[illegible][illegible]山水漲發湖瀦得以逐漸增長惟尚未深透迨交秋以後

續沛甘霖来源始旺　臣先經嚴飭道廳將進水入湖各路疏濬通暢設法廣籌以蓄務使各路水勢充盈以備宣洩不使稍有遲悞以仰副

聖主重漕衛民之至意所有六月分各湖存水尺寸謹繕清單恭摺具

奏伏乞

皇太后

皇上聖鑒謹

奏

同治元年八月十五日

奏於閏八月初一日奉到

議政王軍機大臣奉

旨工部知道单併發欽此

初

謹將同治元年六月分各湖存水寔在尺寸逐

一開明恭呈

御覽

運河西岸自南而北四湖水深尺寸

一微山湖以誌樁水深一丈二尺為度因湖

底淤墊三尺不敷濟運奏明收符定誌在一

丈四尺以内又因豐工漫水灌注量驗湖底復受新淤二尺七寸奏奉

上諭加收一尺以誌樁存水一丈五尺為度本年五月分存水一丈二尺五寸五分六月内長水二寸寔存水一丈二尺七寸五分較上年六月水小一尺五分

一昭陽湖本年五月分存水三尺八寸六月内
長水一尺四寸寔存水五尺二寸較上年六
月水大四寸

一南陽湖本年五月分存水二尺六寸六月内
長水一尺四寸寔存水四尺較上年六月水
大二寸

一南旺湖本年五月分存水一尺七寸五分六月内長水五寸三分寔存水二尺二寸八分較上年六月水小一尺六寸

運河東岸自南而北四湖水深尺寸

一獨山湖本年五月分存水四尺九寸六月内長水一尺四寸寔存水六尺三寸較上年六

月水大一尺一寸

一馬場湖本年五月分存水三尺九寸五分六月内長水九分寔存水四尺四分較上年六月水小一尺二寸一分

一蜀山湖定誌收水一丈六尺為度本年五月分存水四尺三寸六月内長水一寸二分寔

存水四尺四寸二分較上年六月水小一尺一寸

一馬踏湖本年五月分存水一尺八寸六分六月内長水三寸二分寔存水二尺一寸八分較上年六月水大九寸九分

# 一

# 奏稿

奏為節逾秋分黃水續漲已消兩岸工程搶厢抛
護平穩現仍嚴飭慎防以保安恬恭摺仰祈
聖鑒事竊照節屆白露黃河水勢工程情形臣於八
月十五日具
奏後即連日大雨時行甚至自朝至暮不止勢極

廣遠上游雨水滙注先據各廳間日報長水一二尺餘寸不等存積不消旋據黃沁廳呈報武陟沁河於八月十九日未酉二時並二十二日卯時三次共長水八尺三寸接續下注益形浩瀚且秋濤迅利淘底搜根不但朽腐舊埽滙塌急應搶補以護隄埧而免他虞即新埽刷蟄亦

須加廂中河廳三堡最險之處并已擇要搶護
埽段幸料物先經酌量添辦尚能應手臣督飭
各道廳竭力搶辦六埽穴妥廂屢蟄並舊有磚
石埧埽被溜刷蟄者察看形勢分別動用存工碎
石磚塊拋護以及河勢初抵隄埧恐廂埽滋費
先用磚石拋禦仍飭力求撙節不准稍有虛糜至

各廳臨黃埽段茍可從緩者均令停辦實在亟
應搶補者亦不敢拘泥貽悞如南岸上南河廳
鄭州上汛八堡順二埧埽工五段並該埧下首
空檔順隄埽工五段俱係咸豐十一年緩修因
之溜搜淘朽底陸續塌淨照段消退中河廳中
牟下汛三堡因河溜裏卧隄身滙塌新廂藏頭

頭埽藏頭二埽及頭二三四埽共六段又下一
堡上段順隄頭二三四五埽係咸豐十一年緩
修之工底料朽腐亦因淘注刷盡照段補廂北
岸下北河廳祥符下汛頭堡挑水五壩迤下因
河溜北卧潰及隄身情形險要搶廂新埽三段
又挑水三壩下首空檔埽工五段並蘭陽汛三

堡西垻裹頭埽四埽迤下埽工二段俱係上年
停修舊捫底朽大溜逼注涯塌淨盡按段補還共
計新廂補廂埽工十段以上各工辦理合宜其餘
單矮埽段亦擇要加廂高整均資抵禦漲水至
自伏徂秋各廳先後報用磚石墊底交卸伊邇
[illegible]現在
山東撫臣又遠在兗州未能親勘易滋弊混

現仍嚴飭各道認真查驗丈量核實勾稽以杜
浮冒目下來長水雖已報落尚未全消且距霜清
計有一月嚴飭道廳營汛弁照常勤慎巡防
務保安恬不任稍有疎忽以期仰慰
宸廑為此恭摺具
奏伏乞

皇太后
皇上聖鑒謹
奏
同治元年閏八月初三日具
奏於是月二十一日在正定府奉到
議政王軍機大臣奉

旨知道了欽此

一

同治元年閏八月初三日奏

再臣接准兵部咨議覆裁撤乾河各營員弁兵丁截止俸餉銀兩丈量灘地開墾招民試種以裨經費摺內以豫省南北兩岸共裁官弁若干並未聲叙行令查明報部並催令遴委妥員認真查丈灘地毋任稍有虛捏一俟丈量完竣即行按年征收錢漕一面將開墾地畝若干每年

可升科若干先行造冊報部以裕度支等因臣
已轉飭開歸河北二道將所裁乾河員弁若干
及每年節省俸薪馬乾銀數目確切查明詳請
核咨並咨請豫東兩撫臣嚴催沿河各州縣會
同乾河各廳汛趕將灘地認真丈量開墾確計
寔有地畝若干畝先行造冊報部一面招民認種

酌量升科不任地方官延擱惟臣於寒露前後

現在察看河防修守可以放心即須交卸入都其丈

量乾河灘地開墾升科之事應由新任河臣督

辦理合附片陳明謹

奏

同治元年閏八月初三日附

奏奉

旨知道了欽此

# 二

## 奏稿

奏為豫省上南中河祥河三廳辦過壬戌年土工

驗收如式謹核準銀數恭摺具

奏仰祈

聖鑒事竊照黃河水勢溜激力猛趋向靡常全恃兩

岸長隄為生民保障其臨河各處或廂埽拋石

或築埧挑禦亦為保護堤工以免他虞惟土堤歷經風雨剥削汛漲上灘淤墊易於卑殘是以從前每歲擇要估計增培土工專案

奏請撥發司庫銀二十餘萬兩或十五六萬兩辦理現在下游七廳工雖停修而上游兩岸有河七廳保衛西南完善各州縣以重賦稅餉需并

賴黃河為天險攔禦、淰匪北竄修防仍關至緊
近歲因軍務不靖經費難籌除大汛期內水長
工險岌岌可危之際購備料物磚石廂拋埽壩
須立時趕辦未能從緩外其修堤土工苟可緩
辦者不敢專案請銀歷年均於春間附片
奏明不必預先估辦隨時察看河勢之趨向何處

緊要即於何處幫築惟上年伏秋期內兩岸險

工疊出上南中河祥河三廳尤為危險中河廳

三堡及十三堡因土性過於沙鬆搶廂抛護已

屬非易迨八九兩月疊被賊匪沿河滋擾賊退後

適值司庫錢糧支絀無銀搶辦至霜降後尚在

塌埽潰堤幸水落溜弱不致有意外之虞旋經

臣約同前撫臣嚴　親往該工履勘見數百丈大堤有全行塌盡者有堤頂僅存數尺者行舟靠崖停泊灘唇僅高水面尺許苟非冬令水小若汛漲上灘其患何堪設想撫臣目睹工程十分危險倍深焦慮雖度支不易亦亟應補還大堤分別增培以固根本當連上南廳邦堤之

照爲實舟與臣面商云

工約畧核計需銀三萬兩即經飭司籌備現銀
另行撥存以備交秋興築嗣據上中二廳將帮
堤還堤土工撙節估計具稟臣因思工雖應辦
尚須得省且省復督飭開歸道節次駁減剔除
核實發辦其祥河廳帮培大堤土工亦減準籌
款興修均於汛前赶築完竣臣與開歸河北二

道先後臨工驗收如式深資保衛查該三廳土工或補還大堤或南面加幇或北面加帮連填堤坦殘缺順堤坑塘挖取土遠近每方給例價銀二錢一分六厘共例價銀一萬五千一百二十五兩零其隔水遠遠選淤艱難並前臨大河後係積水大坑簣土難求者每方津貼銀三分

四厘及一錢三分四厘共津貼銀四千四百九
十四兩零通共例津二價銀一萬九千六百一
十餘兩較原計應辦土工銀三萬兩之數大有撙
節委係實工實用並無浮冒再據開歸道詳稱
司庫原撥辦理土工實銀三萬兩嗣經藩司於
例撥料麻及春汛備防項下劃抵是此案土工

銀兩仍係道庫墊辦以致益形窘迫應請由司
迅速撥還歸款以便湊發工需等情臣復查屬實
已行司遵照合併聲明除俟各該道將工段丈
尺銀数造冊呈送到日由新任河臣核繕清單
彙陳外為此恭摺具
奏伏乞

皇太后
皇上聖鑒勑部存核施行謹
奏
同治元年閏八月初三日具
奏於是月二十一日臣定府奉到
議政王軍機大臣奉

旨工部查覈具奏欽此

# 二

再　臣於八月二十日接准工部咨奏催中牟大

工歸公水利飯銀及積欠常年水利飯銀限文

到二十日內儘數委解不准以鈔票充數並以

臣蒙

恩簡放廣東巡撫其數年來河督任內未經解部之

款即可委諉諸異人請

旨飭部妥議批解限期章程嚴定該河督等延玩處
分該河員等虧挪侵食罪名一併纂入則例永
遠遵守等因奉
旨依議欽此咨行到臣除中牟大工水利飯銀應由
司庫籌款詳請河南撫臣委解現已飛咨撫臣
並行藩司迅速籌解非河督衙門之事外伏查

常年水利飯銀從前河工修防經費不但司庫
例撥之款隨時撥清即道庫墊發之項亦於霜
後全數撥還是以水利飯銀得以按時扣齊解
部年清年款自咸豐三年粵逆擾豫之後河工
撥款已有欠撥迨皖捻滋事披猖軍需日迫協
餉浩繁至八年迄今道庫存款墊空司庫應撥

各項積欠彚彚各廳挪墊工需未能發還水利
飯銀因之未能核扣即有些微扣存之項當工
程危險之時適值司道庫錢粮並絀不得不先
（旁注：斷難坐視照候道庫且有自行貸借以為搶險之用共計需 所以）
其所急挪作工用斷難坐視貽誤專候司庫撥
（旁注：此項微扣款亦）
還報解而司庫隨時所撥之款不寬又不得不
先儘辦料修工之用是欠解部飯銀兩實緣司

庫欠撥河工各款較多並非河員虧挪侵蝕
某便科以罪名其應解水利飯銀向撥支款核
扣如支款二銀八鈔貳三銀七鈔應扣部飯亦
只能按銀鈔成數委解並非以鈔票充數且欠
解水利飯銀事非一年官非一任須指缺行催
未能指人而論籌有款項亦應挨年報解方免

轇轕即如臣於咸豐九年到任其六七八三年
欠解飯銀係前任河臣李鈞任內之事然上年
秋間臣於無可設措之中屬飭開歸河北二道
籌出銀鈔將六年分工程水利飯銀解部餘俟
催司撥款稍寬接續籌解附片分晰
奏明在案今工部辦公拮据待項甚殷係屬實情

無如臣力不從心目睹道庫空虛司撥之項尚
不敷搶險廂工之需一籌莫展惟有仰懇
天恩勅下河南山東兩撫臣嚴催各藩司將積欠河
工銀兩寬為（迅速）籌撥俾可將工程水利飯銀按年
核明委解以濟部需則同感
鴻慈於無既為此附片縷晰具奏伏乞

聖鑒謹

奏

同治元年閏八月初三日具

奏於閏八月二十一日在正定府奉到

議政王軍機大臣奉

旨工部議奏欽此

奏為東省運洳捕上四廳湖河土石堤壩並收水
引渠亟應擇要估修挑空以資保衛而重瀦蓄
恭摺具
奏仰祈
聖鑒事竊照東省運河堤岸延長閘座埽壩林立每

年伏秋汛内大雨时行山泉坡水滙注河湖全
赖堤埝鞏固方能束水保衛其殘塌各工若不
擇要估修一有旁洩則民田廬舍被淹不但賦
無所出轉多賑恤之資且近歲因晥捻不時竄
擾東境須恃攔蓄湖河之水宣放禦賊以濟兵
力之不足尤関緊要惟餞粮例有定額邇来又

復逐年遞減非寔在急不可緩者斷不敢請辦
茲查運河廳屬濟甯州汛運河東西兩岸隄工
歷經汶泗諸河異漲之水下達撞激搜淘更兼
從前豐工漫水倒漾河坡一片浸泡日久以致
衝刷無存跌成坑塘危險堪虞因經費難籌未
能普律興築向係分年估辦完整以衛民田先

擇其最要應修之東岸濟字五號起至十三號止堤工九段共長一千四百五十八丈連填坑塘估需土方銀一萬一千三百七十五兩零又據續估西岸濟字二十二號起至二十六號止險要官堤五段共長七百七十九丈連填坑塘計需土方銀七千六百二十一兩零又該廳鉅嘉

汛運河東岸蜀山湖一區瀦蓄汶水濟送東省

小米帮船並灌注各河攔禦賊匪為最要水櫃

查該湖嘉字三號四號及二十七二十九等號

碎石土戧隄工四段湊長七百六十三丈坐當

犯風險要多年未修歷被伏秋漲水衝刷以致

碎石坍卸土戧甲矮單薄亟應照舊修築鞏固

以蓄湖瀦除選用舊石外估需灰石土方例帮
二價銀一萬九百六十八兩零又該廳東平州汛
汶河西岸戴村石壩一道北曰玲瓏中曰亂石
南曰滾水通長一百二十六丈八尺為遏汶濟
運最要關鍵茲查滾水壩原長二十二丈二尺
寬二丈四尺高五尺除坡面寬一丈二尺尚屬

刪△

磯字須查

完整外所有臨河一面寬一丈二尺高五尺及
南垻台西面分水磯岸長十丈高一丈七尺又
北垻台西面戧垻一座並玲瓏垻北裹頭均自
拆修至今已逾十年節被汶水暴漲風浪撞擊
以致衝撇坍塌椿朽石落殘壞不堪俱應照舊
拆修以資捍衛除選用舊石外連築圈垻估需

例邪二價銀九千九百四十兩零迦河廳屬西岸微山湖一區為南路最要水櫃從前賴以宣濟八閘及江境邳宿運河以利漕行近年亦須宣水攔禦賊匪關係至重該湖嶧滕二汛原拋碎石坦坡衛護隄工歷經風浪撞掣現多蟄卸擇其迎溜險要之滕字石工五號七號九號湖

面間段殘缺工三段湊長四百五十七丈五尺
添拋碎石三四成補還舊坦估需例帮二價銀
四千四百二十三兩零又該廳沛汛安李二口
呂垻三孔橋滕汛接於囊氵狄各引渠原為收納
汶泗山泉河坡之水入湖要路歷經伏秋大汛
漲水歸湖水過氵狄停積淤甚厚渠身高仰收水

不能暢達現在南捻不時北竄全恃湖瀦攔禦亟應將各引渠挑挖深通以暢收納而資備防估需土方銀九千七百八十五兩零捕河上河二廳經管北路各汛官隄原隄原為生民保障歷被汶運各河漲水撞擊已多殘缺兼之黃水穿運每經汛漲渾流分注運河不但河身淤墊深厚隄岸因之卑矮且急溜汕刷各工益形殘

塌惟片段迥長經費短絀未能普律帮培向係分年估辦玆捕河廳属原估應修壽東汛運河東岸險要官隄六段湊長七百八丈連塡坑塘估需土方銀六千七百三十八兩零續估東平壽東陽穀等汛應修殘缺隄工六段湊長六百五丈連塡坑塘估需土方銀四千七百一十六

兩零上河廳屬原估堂博清平二汛應修殘塌
官隄十四段湊長一千四百八十六丈連填坑
塘估需土方銀八千一十七兩零續估加鄃聊
城汛險要隄工八段湊長一千七十六丈連填
坑塘估需土方銀三千九百八十四兩零以上
十案共計銀七萬七千五百餘兩先經署運河

道宗稷辰督聽勘明情形實應修辦必不可緩

減估轉請又經臣節次駁飭刪減委無虛浮茲

據分案稟請具

奏前來復查現估各工統計銀数非但較例定不

出十萬兩之数節減銀二萬餘兩并較上年又

有撙節且按五銀五鈔核發計用實銀不足四

萬兩而司庫支絀一時恐難籌撥是以 臣 飭令
道廳將另摺所奏十一次捐輸之項還舊措新
先作工需於交伏前後次第趕緊興辦捍禦漲
水深為有益仰懇
天恩俯念運河估修緊要工程實關禦賊衛民
敕下山東撫臣行司迅速籌款酌数撥交運河道庫

分別找發臣一面仍飭道廳設法勸捐以資湊
用而免貽悞俟各工一律辦竣責成運河道核
實驗收具報由新任河臣彙繕清恭呈呈
御覽所有請修運河各廳湖河土石隄壩及挑穵引
渠緣由理合恭摺具
奏伏乞

皇太后
皇上聖鑒訓示謹
奏
同治元年閏八月初三日具
奏於閏八月二十一日在正定府奉到
議政王軍機大臣奉

旨該部速議具奏欽此

# 奏稿

奏為東省運河道十一次捐輸核明各官生應請

官階繕具清单奏懇

恩施奬叙

勅部速議給照仰祈

聖鑒事窃照東省運河近年應修緊要工程所需錢

粮因司庫支絀撥發甚微道庫存項籌墊早空
專恃捐輸之項還舊措新以資湊辦若無捐輸
接濟辦工則一千一百餘里之堤岸以及土石
埽埧閘座鱗次櫛比其損壞各工無款估修設
有疎虞

國計民生攸關所繫甚鉅且逆氛未靖尤賴長堤

鞏固方能束水禦賊是以　臣督飭運河道廳廣

為勸諭設法招徠以期多捐一分即得一分之

益惟須按七銀三鈔上兑現銀較多官生未免

裹足不得不通融辦理飭令照京銅局及豫省

餉票折減報捐方能源源而來雖以折減之數

抵發各廳領項其中虧耗不少而藉得些微現

銀以作工用冀免貽悞茲據署運河道宗稷辰
將十一次捐輸不論雙单月候選知縣黃煜等
九十四員名共捐銀四萬二千五百二兩核明
各官生應請官階詳請具
奏前來臣按照現行常例並籌餉新例接展條款酌
減銀数逐加覆核均屬相符理合繕具清单恭

呈

御覽仰懇

天恩獎叙

勅部速議給照俾後來者觀感奮興於運河經費深

有裨益其報捐貢監生及從九品職銜執照仍

將臣前請領發到空白執照填給已於咨部冊

內逐一粘簽註明至所捐之款照案以七銀三
鈔作收按五銀五鈔核發各廳還舊挪新隨時
湊作本年修辦要工之需道庫並無餘賸除飭
將抵款冊赶緊造送核咨並將現送到各官生
履歷冊先行分别咨部外為此恭摺具
奏伏乞

皇太后
皇上聖鑒訓示謹
奏
同治元年閏八月女中初三日具奏奉到
議政王軍機大臣奉
旨户部覈議具奏單併發欽此

運河道十一次捐輸員名銀數清单

謹将山東運河道十一次收捐各捐生員名銀

数並所請官階繕具清单恭呈

御覧

不論雙单月候選知縣黄煜捐銀七百六十一

兩請加同知陞銜

候補知縣王珠壽捐銀七百六十一兩請加同

知陞銜
知州用候補布經歷章棣捐銀一千七百一十
兩請免補本班以知州仍留山東歸
候補班補用
翰林院待詔職銜丁乃安捐銀二千二百六十
一兩請以主事歸籌餉新例雙月選

用
州同職銜賈朝霖捐銀一千三百六十兩請給
予同知職銜
江西南豐縣俊秀湯方炘捐銀一千六百八十
八兩請作為監生給予同知職銜
候選按察司知事丁彥臣捐銀四千四百八十

八兩請以知縣免保舉不論雙單月
歸籌餉新例分發省分試用
直隸候補縣丞江貢琛捐銀五千二百五十六
兩請以知縣分發直隸免保舉歸籌
餉新例不論雙單月補用
提舉銜候選直隸州州判鄭橡捐銀一千九百

八十三兩請以知縣歸籌餉新例雙

月選用並給予父母從五品

封典將本身暨妻室應得

封典

貤封祖父母

順天府大興縣俊秀錢栺捐銀三千八百九十

七兩請作為監生以知縣歸籌餉新

例不論雙单月選用

不論雙单月候選知縣沈涵霖捐銀一千五百

三十六兩請以知縣分發山西歸籌

餉新例不論雙单月補用

監生史守岐捐銀二百四十兩請給予州同職

銜

山東嘉祥縣俊秀劉曉廉捐銀三百二十八兩

請作爲監生給予州同職銜

監生王睿捐銀一千八十兩請給予州同職銜

並加二級給予父母及本身暨妻室

從五品

封典

監生牛琴軒捐銀二百四十兩請給予州同職

銜

監生臧向長捐銀一千八十兩請給予州同職

銜並加二級給予父母及本身暨妻

室從五品

封典

山東濟甯直隸州俊秀白福崑捐銀三百二十
八兩請作為監生給予州同職銜

浙江仁和縣俊秀汪思忠捐銀三百二十八兩
請作為監生給予布理問職銜又續
捐銀一千五十六兩二共捐銀一千

三百八十四兩請作為監生以鹽知
事歸籌餉新例分發直隸長蘆不論
雙單月試用並請仍留布理問職銜
候選兵馬司正指揮韓銘捐銀六百肆拾五兩
請加三級給予父母從四品
封典並將本身暨妻室應得

封典
貤封祖父母
州同職銜胡紹顯捐銀一百八十兩請給予父
母從六品
封典並將本身暨妻室應得
封典

貤封祖父母
布政司理問職銜朱淮潤捐銀八百四十兩請
加二級給予父母生母及本身暨妻
室從五品
封典
布政司經歷職銜李春芳捐銀八百四十兩請

加二級給予父母及本身暨妻室從
五品
封典
不積班候選典史姚文裕捐銀四百四十七兩
請以縣丞歸籌餉新例雙月選用
山東金鄉縣俊秀蘇朝元捐銀一千一百八十

七兩請作為監生以縣丞分發河南
歸籌餉新例不論雙单月補用
附生許恒業捐銀六百三十四兩請作為監生
以縣丞歸籌餉新例雙月選用
已滿吏胡炳捐銀一百二十三兩請以從九品
歸籌餉新例雙月選用

六品軍功已滿吏談松喬捐銀一百二十三兩

請以未入流歸籌餉新例雙月選用

候選未入流王廡捐銀二百八十二兩請以未

入流分發東河歸籌餉新例不論雙

單月補用

江蘇清河縣俊秀王壽椿捐銀六百三十二兩

請作爲監生以典史分發山東歸籌
餉新例不論雙單月補用
山東單縣俊秀馬百魁捐銀二百五十六兩請
作爲監生給予營千總職銜
附生沙璿捐銀一百一十六兩
附生葉光遠捐銀一百一十六兩

附生鄭檢捐銀一百一十六兩

山東金鄉縣俊秀胡雲翰捐銀二百四兩

山東濟甯直隸州俊秀吕福泰捐銀二百四兩

從九品職銜張燕同捐銀一百四十兩

監生張德輔捐銀一百一十六兩

附生何步衢捐銀一百一十六兩

山東禹城縣俊秀黄松嶺捐銀二百四兩

以上九名均請給予貢生

山東濟甯直隸州俊秀沙永基捐銀八十八兩

山東濟甯直隸州俊秀吳學愚捐銀八十八兩

山東濟甯直隸州俊秀吳學鴻捐銀八十八兩

山東濟甯直隸州俊秀李文源捐銀八十八兩

山東濟甯直隸州俊秀劉寅康捐銀八十八兩

江南山陽縣俊秀王承泰捐銀八十八兩

山東濟甯直隸州俊秀石韞亭捐銀八十八兩

山東濟甯直隸州俊秀張伯壎捐銀八十八兩

山東濟甯直隸州俊秀高恩榮捐銀八十八兩

山東濟甯直隸州俊秀金寶禮捐銀八十八兩

山東金鄉縣俊秀江樟捐銀八十八兩
山西高平縣俊秀宋希忠捐銀八十八兩
山東濟甯直隸州俊秀鄭維銓捐銀八十八兩
山東濟甯直隸州俊秀李星奎捐銀八十八兩
山東濟甯直隸州俊秀陳銘捐銀八十八兩
山東濟甯直隸州俊秀李敦仁捐銀八十八兩

山東濟甯直隸州俊秀鄭毓山捐銀八十八兩
山東濟甯直隸州俊秀陳鑲捐銀八十八兩
江蘇上元縣俊秀王宏珏捐銀八十八兩
山東濟甯直隸州俊秀陳懷之捐銀八十八兩
山東濟陽縣俊秀孟傳興捐銀八十八兩
山東濟甯直隸州俊秀姜元榜捐銀八十八兩

山東魚臺縣俊秀戰錫光捐銀八十八兩

山東濟甯直隸州俊秀黄克順捐銀八十八兩

山東濟甯直隸州俊秀張翰榮捐銀八十八兩

山東濟甯直隸州俊秀蘇誠立捐銀八十八兩

山東濟甯直隸州俊秀駱金鑣捐銀八十八兩

江西南城縣俊秀黄廷謨捐銀八十八兩

山東濟甯直隸州俊秀李俊興捐銀八十八兩

山東滋陽縣俊秀趙履安捐銀八十八兩

山東濟甯直隸州俊秀解鏜捐銀八十八兩

山東長山縣俊秀李壽生捐銀八十八兩

山東濟甯直隸州俊秀王嘉詥捐銀八十八兩

山東濟甯直隸州俊秀鄭學曾捐銀八十八兩

山東濟甯直隸州俊秀孫啟祥捐銀八十八兩
山東濟甯直隸州俊秀唐有溪捐銀八十八兩
山東濟甯直隸州俊秀甯敬堂捐銀八十八兩
山東濟甯直隸州俊秀李東庭捐銀八十八兩
山東濟甯直隸州俊秀郜甫卿捐銀八十八兩
山東濟甯直隸州俊秀靳業鎮捐銀八十八兩

山東濟甯直隸州俊秀張永清捐銀八十八兩
山東濟甯直隸州俊秀張景商捐銀八十八兩
山東濟甯直隸州俊秀仲緒復捐銀八十八兩
山東濟甯直隸州俊秀張尚文捐銀八十八兩
山東濟甯直隸州俊秀楊福恒捐銀八十八兩
以上四十五名均請給予監生

山東汶上縣俊秀劉一琴捐銀六十四兩

山西介休縣俊秀梁𡾊捐銀六十四兩

直隸大興縣俊秀鄭端人捐銀六十四兩

河南固始縣俊秀葉肇慶捐銀六十四兩

山東濟甯直隸州俊秀王崇山捐銀六十四兩

山東濟甯直隸州俊秀熊輝宇捐銀六十四兩

山東濟甯直隸州俊秀吳烽捐銀六十四兩

山東滕縣俊秀楊興階捐銀六十四兩

山東濟甯直隸州六品軍功俊秀張銓捐銀六十四兩

山東滋陽縣六品軍功俊秀王以矩捐銀六十四兩

以上十名均請給予從九品職銜

又八月十三日奏

一

奏為節屆寒露黃河兩岸工程修防平穩預頌安

瀾恭摺具陳仰祈

聖鑒事竊照節逾秋分黃水續漲已消各工搶廂拋

護情形臣於閏八月初三日具

奏後瀕河一帶仍大雨時行[illegible]自朝至暮[illegible]連宵

達且勢極廣遠即據黃沁廳呈報武陟沁河於
閏八月初二日子卯二時兩次共長水六尺三
寸加以上游通黃各河雨水莫不滙流下注以
致各廳水誌日見增長幸旋長旋消其溜到之
處刷蟄埽壩 臣 督飭道廳均動用存工料物磚
石廂拋不准另行請添并不許再報埽案以歸

撙節現已次第修守防護平穩其伏秋汛內雨岸拋、辦磚石工段或無工之處大溜趋注潰塌隄身拋築磚壩磚垛蓋以碎石用資挑禦或舊有磚石壩垛刷蟄加拋或埽段屢廂不已用石拋護、埽根以期穩定或埽前舊有碎石蟄卸加拋或、土壩着河蓋護磚石以免塌壩近隄生險滋

費辦理俱屬合宜隨時勘驗屬實於停拋後即
飭開歸河北二道按段量明丈尺核計動用磚
石方數具禀前來臣逐加覈核無浮謹彙繕另
片恭呈
御覽至本年統用銀數因兼署河督臣譚　遠在兗
州未能查核臣先飭開歸河北二道截止督令

切實勾稽復經臣節次駁減核計減准總数比
較上年又有節省除飭各該道照案將工段丈
尺銀数詳細造具印冊呈由新任河臣彙繕清
単具
奏外查現距霜清僅有半月黃河兩岸工程修防
平穩預頌安瀾堪以仰慰

聖懷其霜後應辦各事及防護凌汛亦關緊要應由
諭　隨時札飭道廳妥慎經理再本年大汛
搶工出力人員未敢歲歲請保而又未便沒其
微勞現飭開歸河北二道存記俟来年伏秋汛
内由新任河臣察看如有始終奮勉者再行擇
尤奏請

恩施獎勵合併聲明為此恭摺具陳伏乞
皇太后
皇上聖鑒訓示謹
奏
同治元年閏八月十三日具奏於是月二十
六日在長新店奉 議政王軍機大臣奉
旨該部知道片併發欽此

又八月十三日附奏

一附一

再本年黄河上游兩岸各廳先後拋辦磚石工程均經臣隨時督飭開歸河北二道勘驗屬實兹據量明丈尺核計用過方数稟請具

奏前来係上南河廳鄭州上汛八堡順三壩下首灘厓拋築護厓磚𡍩一道週長五丈六尺中河廳中牟下汛三堡中段大隄北面拋築磚壩二

道第一道長四丈七尺第二道長五丈黃沁廳唐郭汛攔黃埝三道護埧下首第二道土埧頭加抛連舊磚共長八丈八尺三寸衛粮廳封邱汛十三堡越埝三道挑埧頭加抛磚埧一道連舊磚長八丈五尺祥河廳祥符上汛十六堡第二道挑埧上首加抛磚埧一道新舊共長十五

丈二尺七寸下北河廳祥符下汛頭堡挑水頭垻上角加抛磚垛一道連原抛牽長五丈二尺以上每道用磚自二百二十餘方至八百九十餘方不等又上南河廳鄭州上汛八堡順頭垻頭埽迎上新頭埽前抛護碎石一段並該堡順三垻下首灘厓磚垛外抛護碎石一段中河廳

中牟下汛三堡中段大隄北面第一道磚垻外
拋護碎石一段第二道磚垻外拋護碎石一段
十堡下段順隄埽上首磚築外加拋碎石一段
十一堡上段順隄埽下首磚築外加拋碎石一
段下南河廳祥符上汛十七堡月埝北面土垻
基前第四道磚挑垻外加拋碎石一段第五道

道磚挑垻外加抛碎石一段黄沁廳唐郭汛攔
黄埝磚七垻下首頭道順垻頭並西面加抛碎
石一段衛糧廳封邱汛西圏埝第七段下首順頭
垻頭磚垻西面加抛碎石一段並十三堡越埝
第四道挑垻頭並西面抛護碎石一段祥河廳
祥符上汛十五堡人字垻下首挑垻頭埽迎上

抛護碎石一段下北河廳蘭陽汛三堡西壩上首

加抛碎石一段以上每段用石自三百三十餘

方至一千八百九十餘方不等辦理俱屬合宜

盖護埽壩抵禦伏秋漲水甚為得力除飭將丈

尺銀数詳細造具印冊呈請新任河臣 核繕清

单彙

奏外合先附片陳明伏乞

聖鑒謹

奏 奉

旨覽欽此

闰八月十三日奏

二

奏稿

奏為循照酌減数目請撥豫省司庫銀兩採辦來
年歲料以重工儲而資修守恭摺具
奏仰祈
聖鑒事窃查工部議奏豫省黄河兩岸應需辦料銀
兩先於乾隆十年

題准每年撥發額征河銀三萬六千餘兩分給開
歸河北二道預辦歲料此後南北兩岸歲料銀
兩如出原題八萬五千餘兩之外應令該督等
據寔奏明撥發等因奉
旨依議欽此欽遵在案其山東兗沂道庫每年額征河
銀一萬五千兩為發辦料物之用嗣因逐年添

有新生工段需料較多河銀不敷支用循照豫
省之例
奏撥山東藩庫銀三萬兩歷年遵辦亦在案伏念
黃河修守全恃料物充足方能工程堅固現在
下游各廳工雖停辦而上游兩岸有河七廳不
但保衛民生且賴黃河攔禦髮捻各匪以杜北

竄関係至重其歲料一項從前向於年内堆齊

近年因司庫料價未能依時撥發遲至春夏之

間採辦但若得能於歲内早為收買究可免料户

居奇抬價其中節省虛費較多現在新料業已登場

來年歲儲亟應乘時趕購查豫省南岸開歸道

屬七廳例請辦料銀七萬兩北岸河北道屬五

廳例請辦料銀三萬五千兩東省兖沂道屬曹河曹單二廳例請辦料銀三萬兩除兖沂道屬黄河工程停修無須請撥外其開歸河北二道屬下游乾河各廳工亦停辦是以歲料銀兩近年均酌減

奏撥兹據各該道具詳前來豫省上游兩岸七廳

應辦來年歲料稭麻除分撥荒缺等項外循照
歷屆酌減數目開歸道請撥銀四萬兩河北道
請撥銀二萬五千兩其不敷之數仍照向章催
司將歷年應找不敷之款分次撥還道庫陸續
湊墊支發以免貽悞至現請之銀及應撥不敷
之項統由兼署河督山東撫臣譚　移咨河南
湊

撫臣並行藩司均撥三銀七鈔務於冬間如数
撥交開歸河北二道轉發各廳俾可赶早設廠
於年内分投採買嚴飭承辦之員堆垛必須堅
寔丈尺亦應豐足勒限堆齊由道先行驗收报
候新任河臣覈驗倘有採辦遲延及丈尺不足
堆垛虛鬆情弊即予嚴叅買補以重工儲而資

修守所有循照酌減数目請撥採辦來年歲料
銀兩緣由謹會同河南撫臣鄭　恭摺具
奏伏乞
皇太后
皇上聖鑒再歲料銀兩為修防根本最關緊要例於
寒露時候請撥臣雖即月交卸未敢拘泥是以

循案奏請合併聲明謹

奏

同治元年閏八月十三日具

奏於是月二十六日在長新店奉到

議政王軍機大臣奉

旨該部議奏欽此

又八月十三日拜發

三清單附

奏稿

庚

奏為查明七月分各湖存水尺寸謹繕清单仰祈

聖鑒事竊照嘉慶十九年六月内欽奉

上諭湖東水所收尺寸每月查開清单具奏一次等因欽

此所有六月分湖水尺寸業經臣繕单具

奏在案兹據署運河道宗授辰將七月分各湖存

水尺寸開摺稟報前來臣查微山湖定誌收水
在一丈四尺以内前因豐工漫水灌注量驗湖
底積受新淤恐不敷濟運經前河臣李　會會
同前山東撫臣崇　奏奉
上諭加收一尺以誌樁存水一丈五尺為度本年六月
分存水一丈二尺七寸五分七月内長水二寸

五分實存水一丈三尺較上年七月水小九寸此外昭陽南陽獨山馬蹄四湖均水無消長其南旺馬場蜀山三湖長水七寸四分及四寸九分並三寸五分計昭陽湖存水五尺二寸南陽湖存水四尺南旺湖存水三尺二分獨山湖存水六尺三寸馬場湖存水四尺五寸三分蜀山

湖存水四尺七寸七分馬踏湖存水二尺一寸八分以上各湖存水除馬場蜀山二湖比上年七月水小五寸七分及三分外餘俱較大自六分至一尺一寸三分不等查近年各湖蓄水不獨宣濟船行兼可設險防禦賊匪以助兵力之不足惟上冬今春雪雨稀少以致湖水消耗較

多迨伏汛期内雖大雨時行廣籌收蓄總未大
見增瀦幸白露以後濒河一帶復連得透雨各
山泉坡河之水旺發 臣 先已嚴飭運河道廳設
法導引入湖務期源源增益不任稍有遲悞以
仰副
聖主重瀦衛民之至意所有七月分各湖存水尺寸

謹繕清单恭摺具

奏伏乞

皇太后

皇上聖鑒謹

奏

同治元年閏八月十三日具

奏於是月二十六日在長新店奉到

議政王軍機大臣奉

旨工部知道欽此

謹将同治元年七月分各湖存水寔在尺寸逐
一開明恭呈
御覽
運河西岸自南而北四湖水深尺寸
一微山湖以誌椿水深一丈二尺為度先因湖
底淤墊三尺不敷濟運奏明収符定誌在一

丈四尺以内　又因豐工漫水灌注量驗湖底
復受新淤二尺七寸奏奉
上諭加收一尺以誌樁存水一丈五尺為度本年六月
分存水一丈二尺七寸五分七月内長水二
寸五分寔存水一丈三尺較上年七月水小
九寸

一昭陽湖本年六月分存水五尺二寸七月内水無消長仍存水五尺二寸較上年七月水大九寸

一南陽湖本年六月分存水四尺七月内水無消長仍存水四尺較上年七月水大九寸

一南旺湖本年六月分存水二尺二寸八分七

月内長水七寸四分寬存水三尺二分較上
年七月水大六分

運河東岸自南而北四湖水深尺寸

一獨山湖本年六月分存水六尺三寸七月内
水無消長仍存水六尺三寸較上年七月水
大九寸

一馬場湖本年六月分存水四尺四分七月内
長水四寸九分寔存水四尺五寸三分較上
年七月水小五寸七分

一蜀山湖定誌收水一丈一尺為度本年六月
分存水四尺四寸二分七月内長水三寸五
分寔存水四尺七寸七分較上年七月水小

三分

一馬踏湖本年六月分存水二尺一寸八分七月内水無消長仍存水二尺一寸八分較上年七月水大一尺一寸三分

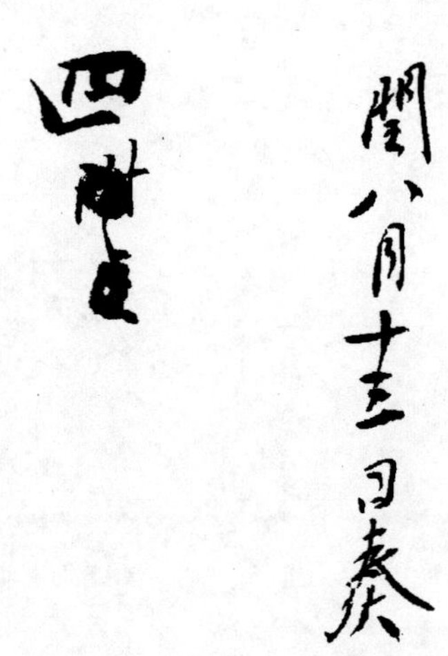


奏稿

奏為恭報交卸河纛日期仰祈

聖鑒事竊 臣前承

恩命補授廣東巡撫當經繕摺叩謝

鴻慈並聲明遵

旨督辦中河上南險工容細察河勢如能悉臻妥協

即將河督關防送交山東撫臣譚　薫署臣
即諏吉入都於閏八月初一日摺回奉
旨知道了欽此查瀕河一帶自白露迄今不時大雨
傾盆往往連宵達旦上游通黃各河之水滙流
下注以致各廳水誌均甫消即長兩岸工程亦
此平彼險臣督飭各道廳往来廂拋保護仰賴

福庇得以次第穩實現在工作雖間有未停之處而
距霜降僅有半月察看大局可以放心臣擇吉
於閏八月十三日交卸河篆委員將關防文卷
等件賫送山東撫臣接收兼署即於是日起程
入都恭覲
天顏跪聆

皇太后

皇上訓誨俾一切得以遵循辦理所有微臣交卸河

篆日期理合恭摺

奏報伏乞

皇太后

皇上聖鑒謹

奏

同治元年閏八月十三日具

奏於是月二十六日在長新店奉到

議政王軍機大臣奉

旨知道了欽此

# 河東河道總督奏稿

東河奏稿殘抄冊

# 奏稿

河督秋季奏稿

同治十三年[illegible]月摺[illegible]

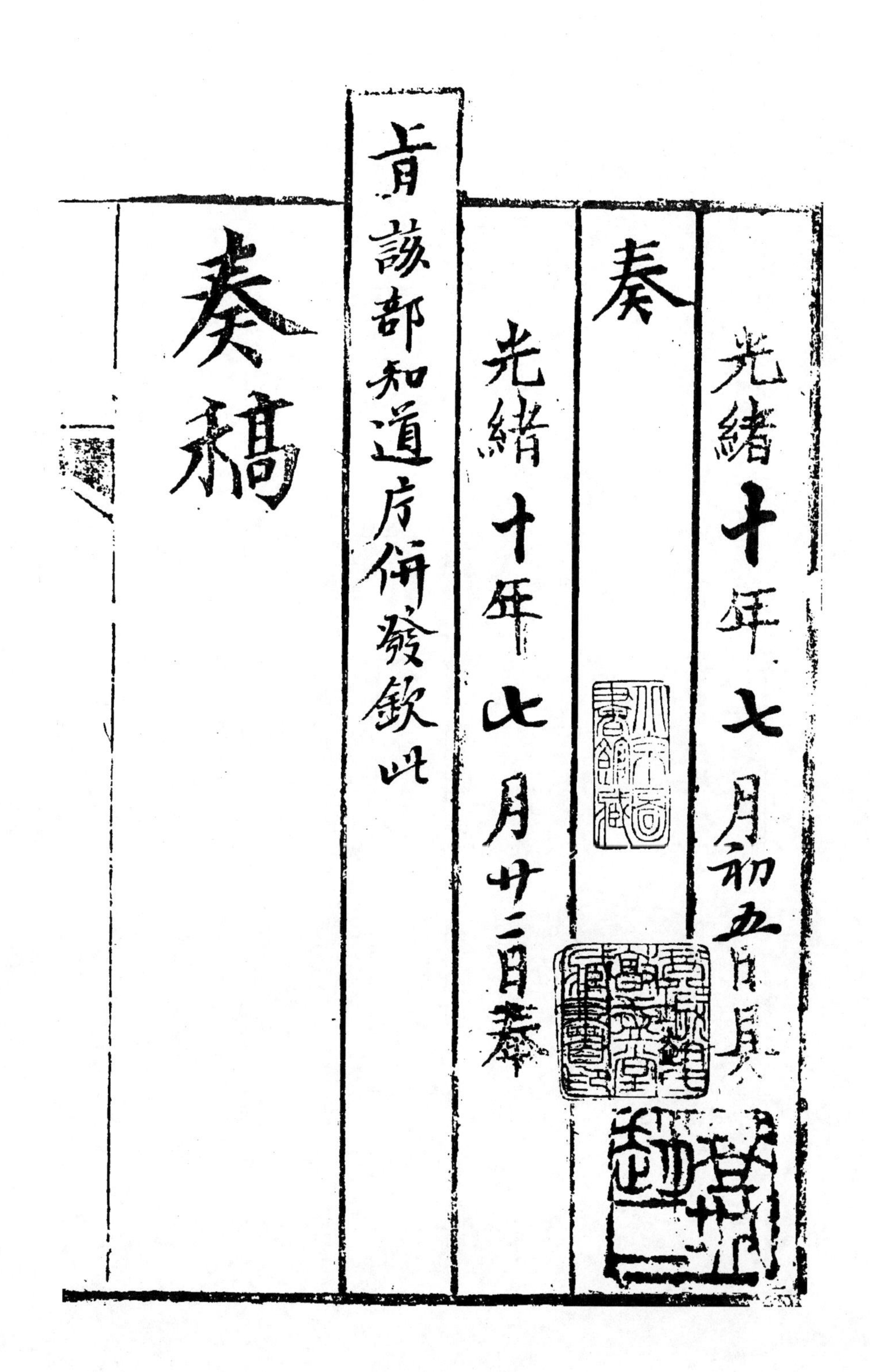

光緒十年七月初五日具

奏

光緒十年七月廿二日奉

旨該部知道片併發欽此

奏稿

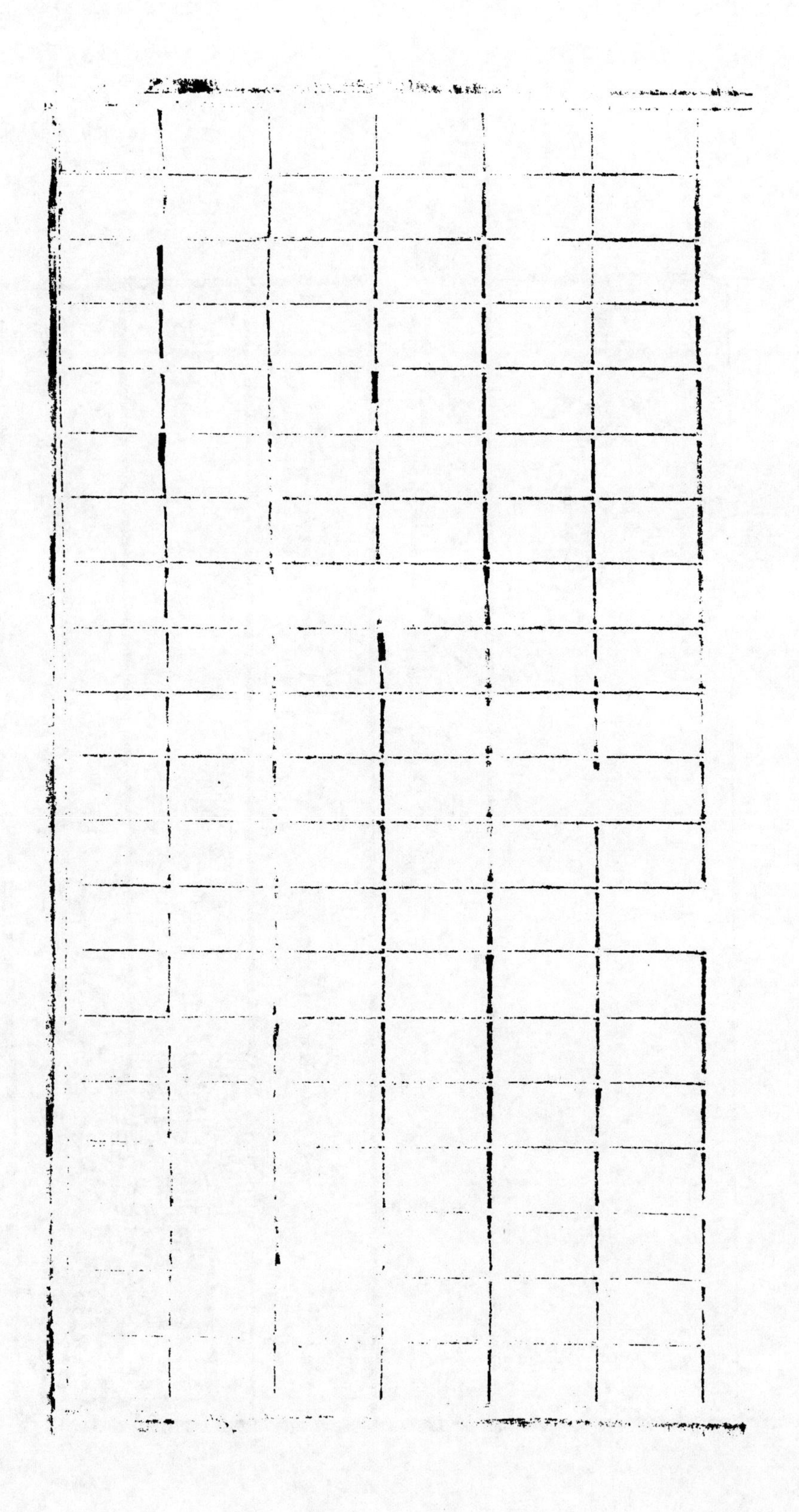

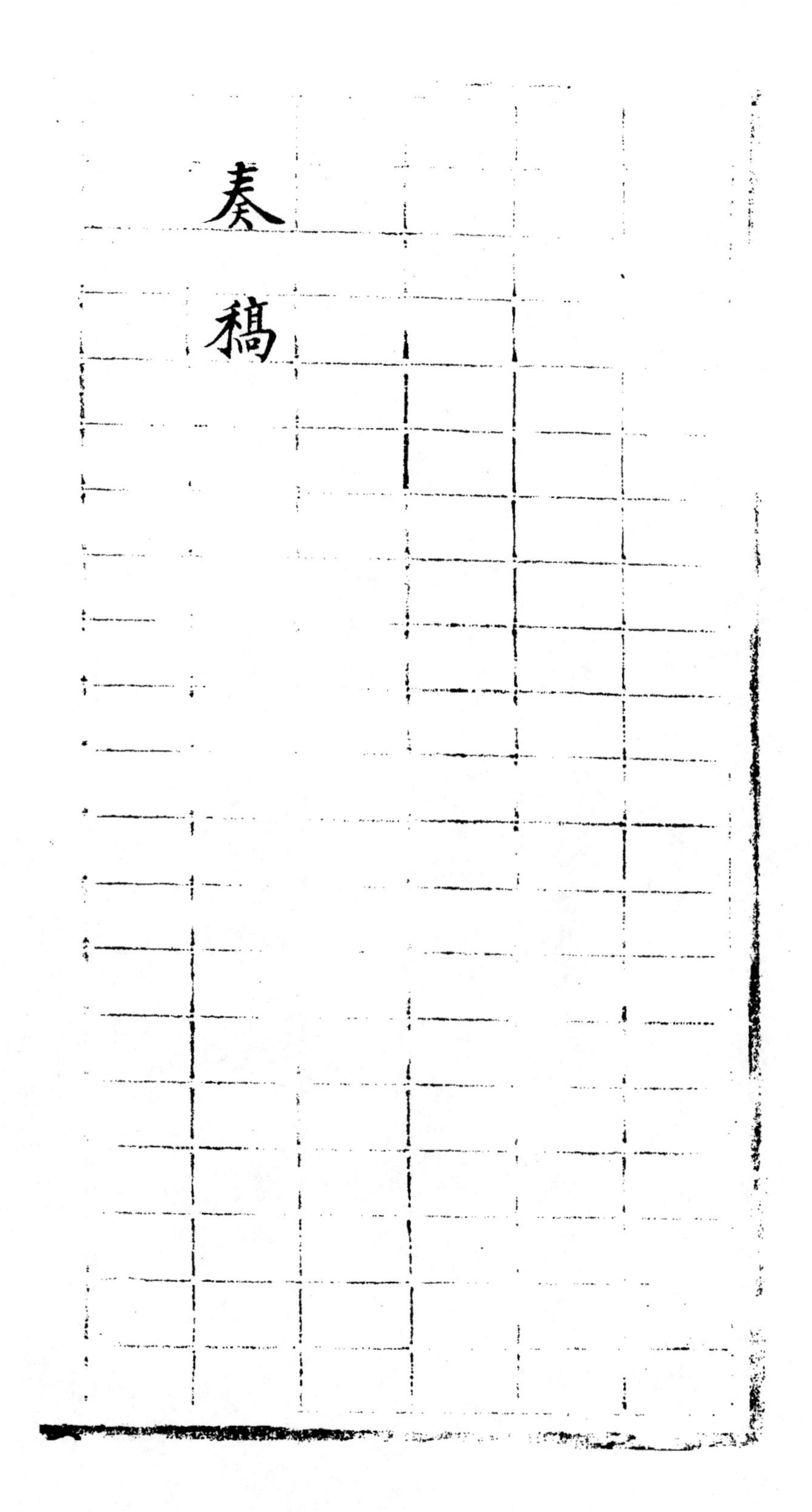
奏稿

三

奏為節交處暑、河水復長、兩岸緊要工程、督飭修

守平穩、恭摺仰祈

聖鑒事。竊 前將伏汛期内長水廂工情形陳

奏後、續據陝州呈報、萬錦灘黃河於六月十四、二

十三、二十九等日、三次共長水八尺、接續奔騰

下駛、勢甚浩瀚、幸在前水既消之後、河身尚資容納、惟大溜南衝北突、兩岸埽壩工程、廂辦甫有端倪、復又紛紛報塌、而上南廳之胡家屯、及八九堡、塌埽潰堤、尤為岌岌、當督率廳營汛委、激勵兵夫、撤手分投、搶辦、竭數晝夜之力、將滙塌各埽、依次補廂、殘缺堤工、按段補築、大局始保無虞、該廳自入夏至今、無日不事廂作、料物需用繁夥、仍在分別購添、實緣片段過長、險而且急、若稍停待、即恐釀成鉅患。中河廳中牟下汛八九堡及人字壩上首空檔、日來溜漸外移、較伏汛情形略為輕減、擬估廂拋工段、論目下河情、自可從緩、然黃流變遷莫定、應儲磚石料

物仍飭該廳趕購存工、擇要相機抛護、庶緩急有恃、
不致臨時棘手、迨上三堡各埽因河底日見淘
深屢廂屢蟄、迄未穩定、且河勢下卸四五堡順
堤一帶舊有之埽壩、埽亦多汕塌、工作日以繼夜、刻難少
休、此外南北各工、或猛溜趨淘舊工塌陷、或河
灣圈卧新險驟生、均飭該管道分督各道廳營汛

等隨宜節慎廂修得臻穩定查本年水勢長發之勤為歷屆所未有此後汛期正遠來源旺弱難知奴才惟有往來各工督飭在事文武各員共矢慎勤認真實力防護不任一處一時稍有懈忽以冀仰紓

宸廑至南北各廳廂辦已竣埽工摞開歸河北二道

宸廑至南北各廳廂辦已竣埽工據開歸河北二道

稟請具奏前來謹繕另片恭呈

御覽所有河水復長兩岸緊要工程修守平穩緣由

理合恭摺具陳伏乞

皇太后

皇上聖鑒謹

奏

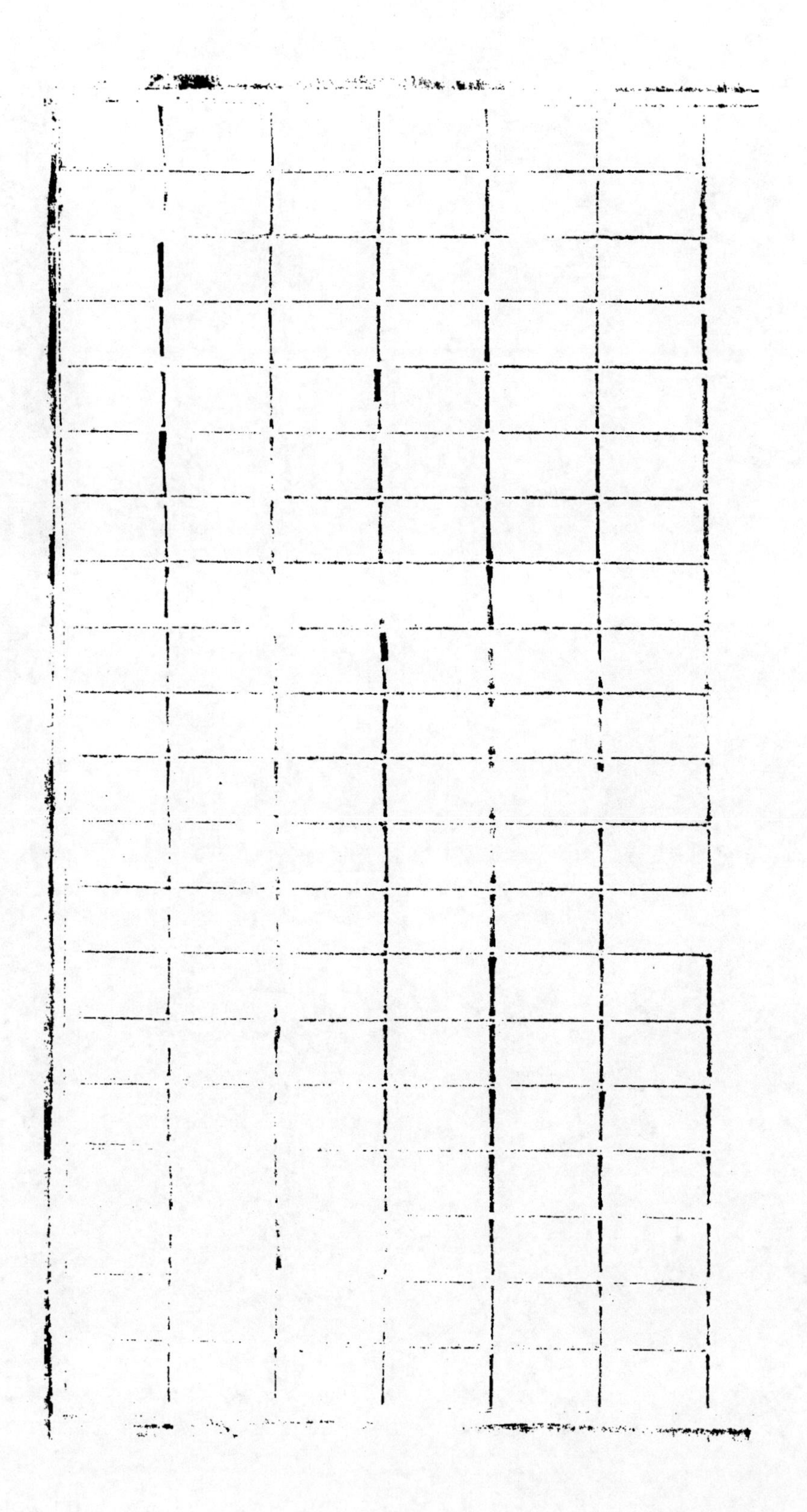

再本年搶修埽工、現已廂壓高整者係南岸上

南河廳屬鄭州上汛頭堡邵家寨頭埽上首空

檔埽工十段、中河廳屬中牟下汛十堡上段順

堤頭埽至十埽埽工十段、下南河廳屬祥符上

汛十八堡月埝尾新頭埽上首埽工四段、該埝

尾埽工三段、十九堡新挑坝埽工四段、共埽十一段北岸黄沁廳屬武陟沁河汛龍王廟埽工六段、西街口埽工五段、師家後埽工二段、又師家後上下水埽工各三段、共埽十九段、衛粮廳屬封邱汛西圈埝第九段下首起土垻前埽工六段、祥河廳屬祥符上汛十五堡魚鱗垻頭埽、並四五埽、埽工三段、十六堡埽靠埽工五段、共

埽八段，下北河廳屬祥符下汛二堡挑壩迤上

空檔五，埽迤下順堤頭埽至十埽，埽工十段，以

上各埽，均因交伏後河，水疊漲，溜勢逼注，先後

刷墊卑矮，經各該廳按段加廂高整，得資抵禦，

理合附片陳明，謹

奏。

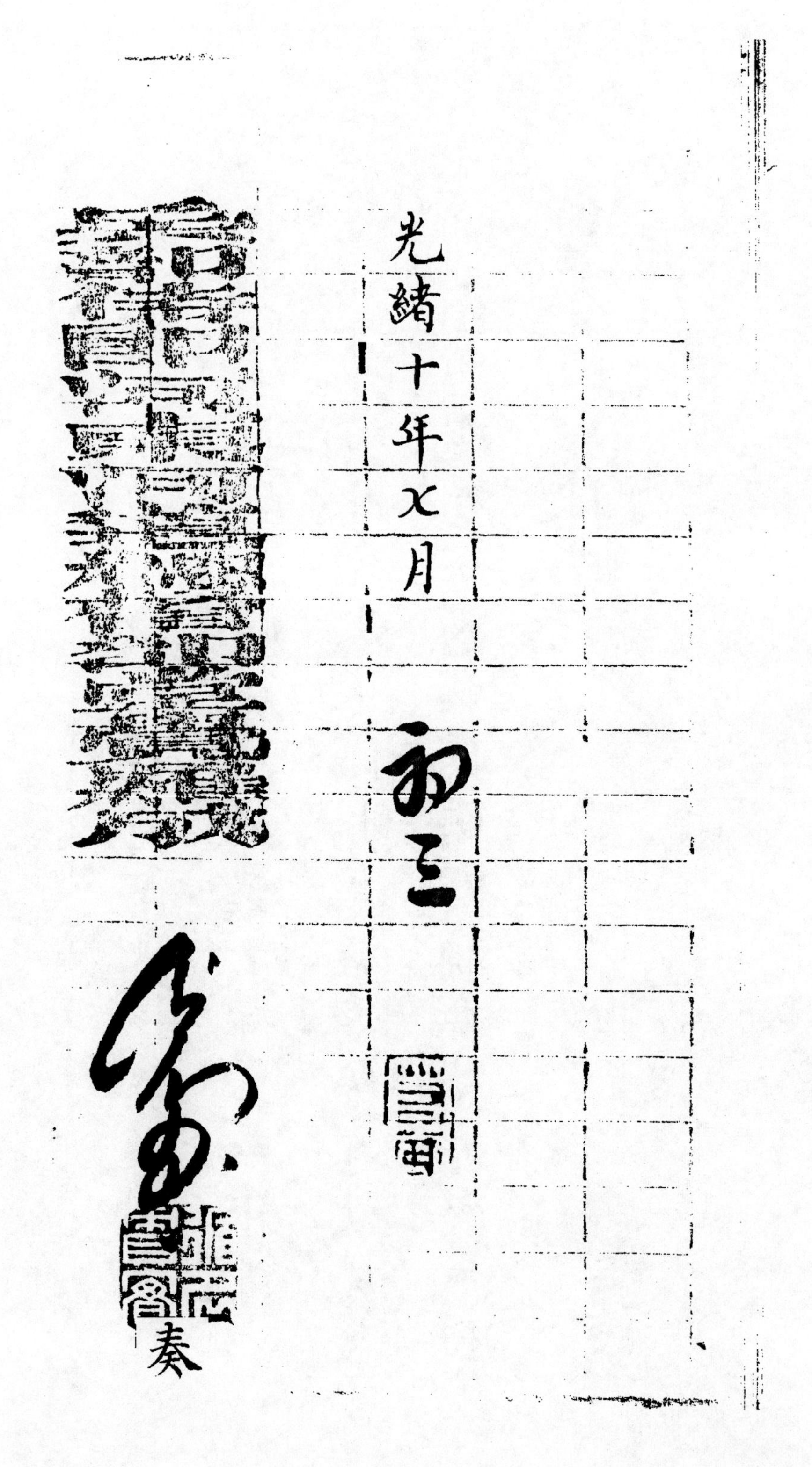

光緒十年七月初三

奏

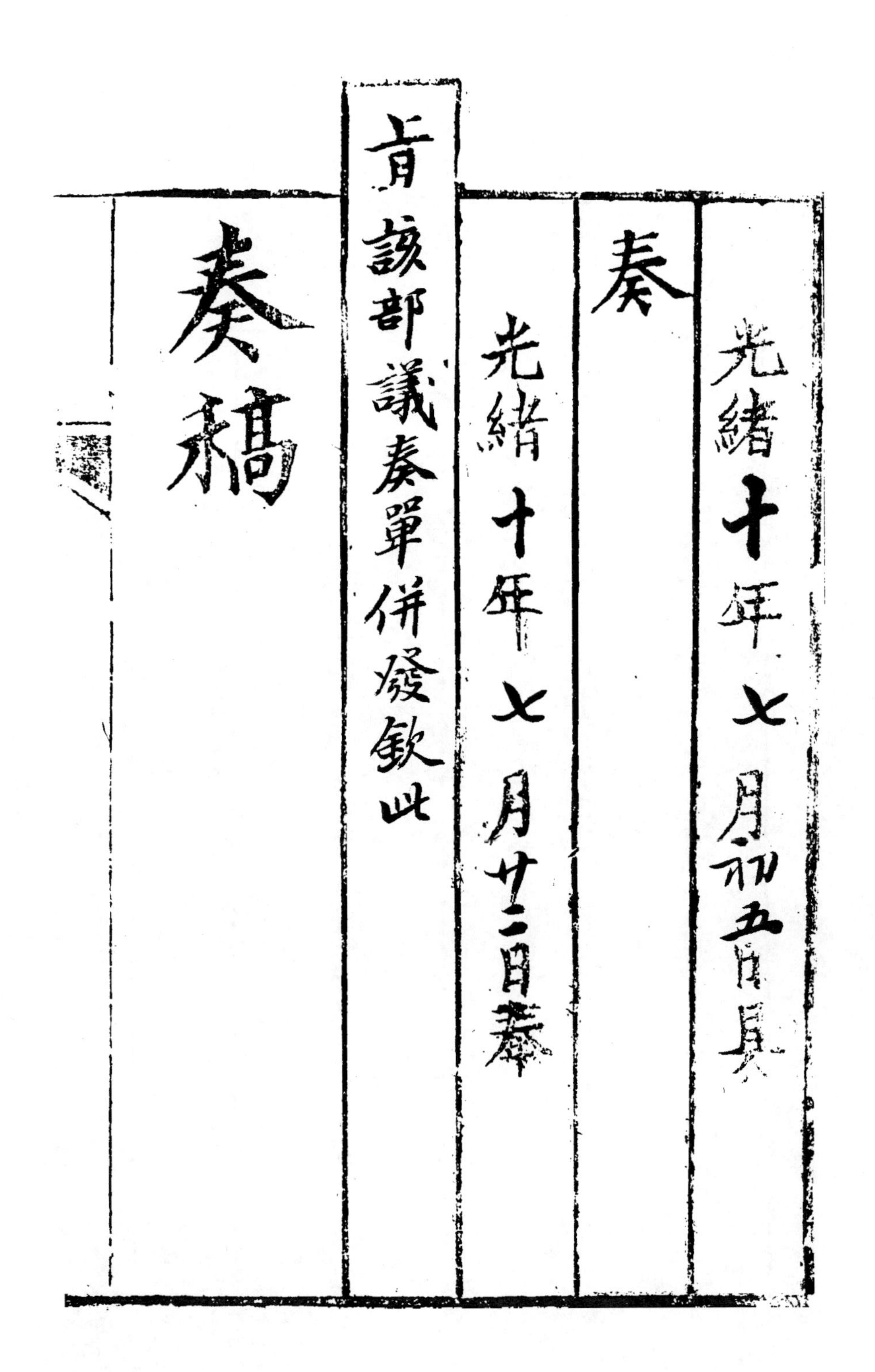
光緒十年七月初五日具
奏
光緒十年七月廿二日奉
旨該部議奏單併發欽此
奏稿

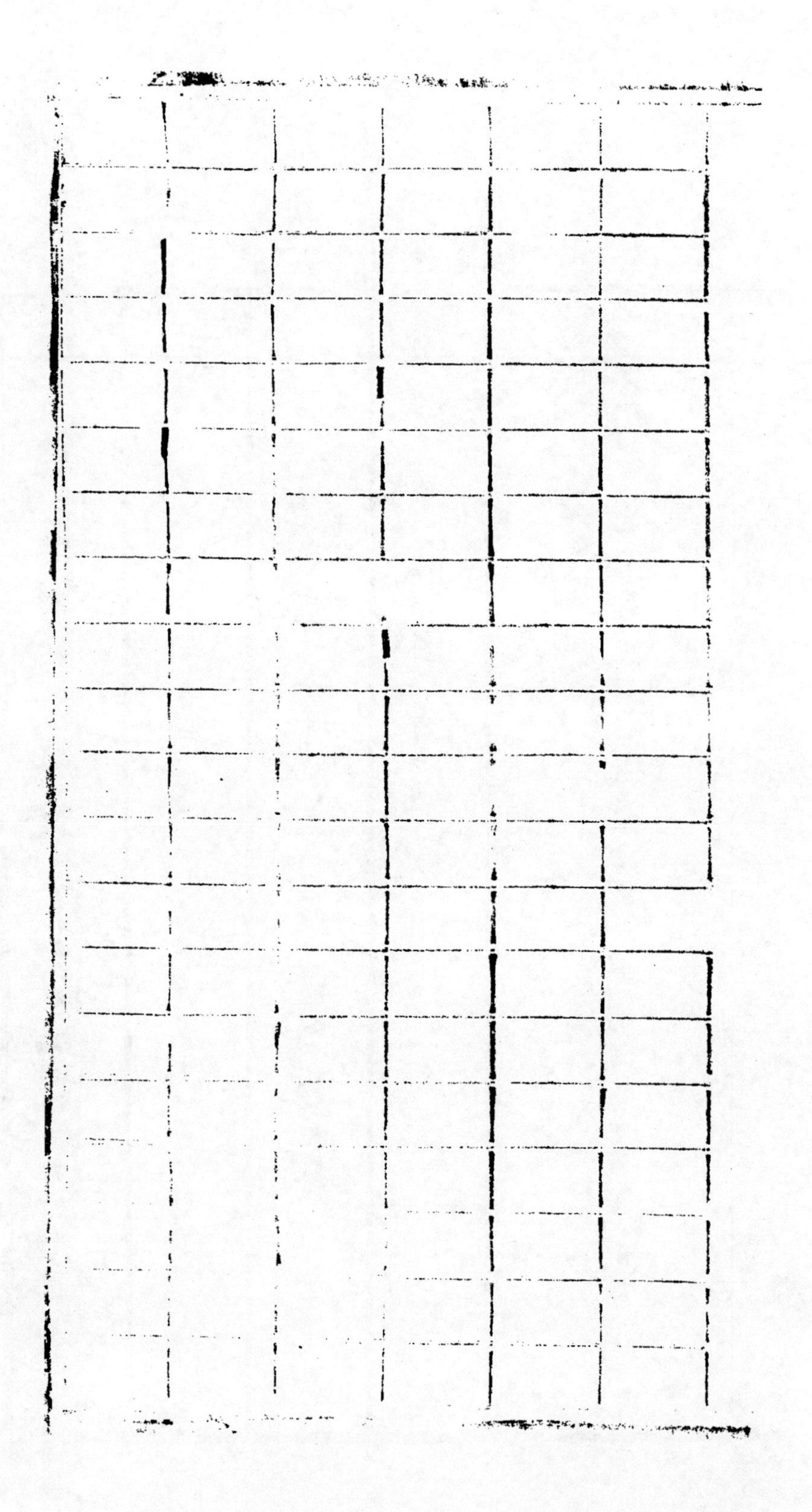

再　前准部咨議覆光緒九年十二月前升任
河臣慶　奏保黃河兩年防汛出力人員案內
四品頂戴儘先補用同知孫長壽四品頂戴候
補通判白曾輝均請給四品
封典原奏清單内並未聲敘該二員四品頂戴是否
勞績保舉於何年月日奉

旨、抑係捐納於何年月日核准、應令查明覆奏、再行
核辦、又知府用候補直隸州封邱縣知縣逢春請
加四品頂戴、候補縣丞春惠、請以本班儘先補
用、查奏定章程、七品各官加銜、不得逾五品、並
無論何項勞績、概不准援引籌餉例銀捐名目、
逢春現官係七品、請加四品頂戴、係逾加銜限

制應將該員改為五品頂戴春惠係分缺先補
用縣丞請以本班儘先補用係籌餉例銀捐名
目核與定章不符應令另核奏明請獎等因奏
奏奉
諭旨咨行到豫當經轉飭查覆改獎去後茲據河北
道等遵照部議將奉駁各員分別查明聲覆並

另核改請獎敘，具詳請奏前來，覆查各該員，

防汛搶工，尤為出力，自應仍請獎敘，不没其勞，

謹另繕清單，恭呈

御覽，仰懇

天恩俯准照獎，以昭激勸，出自

逾格鴻慈，理合附片陳明，謹

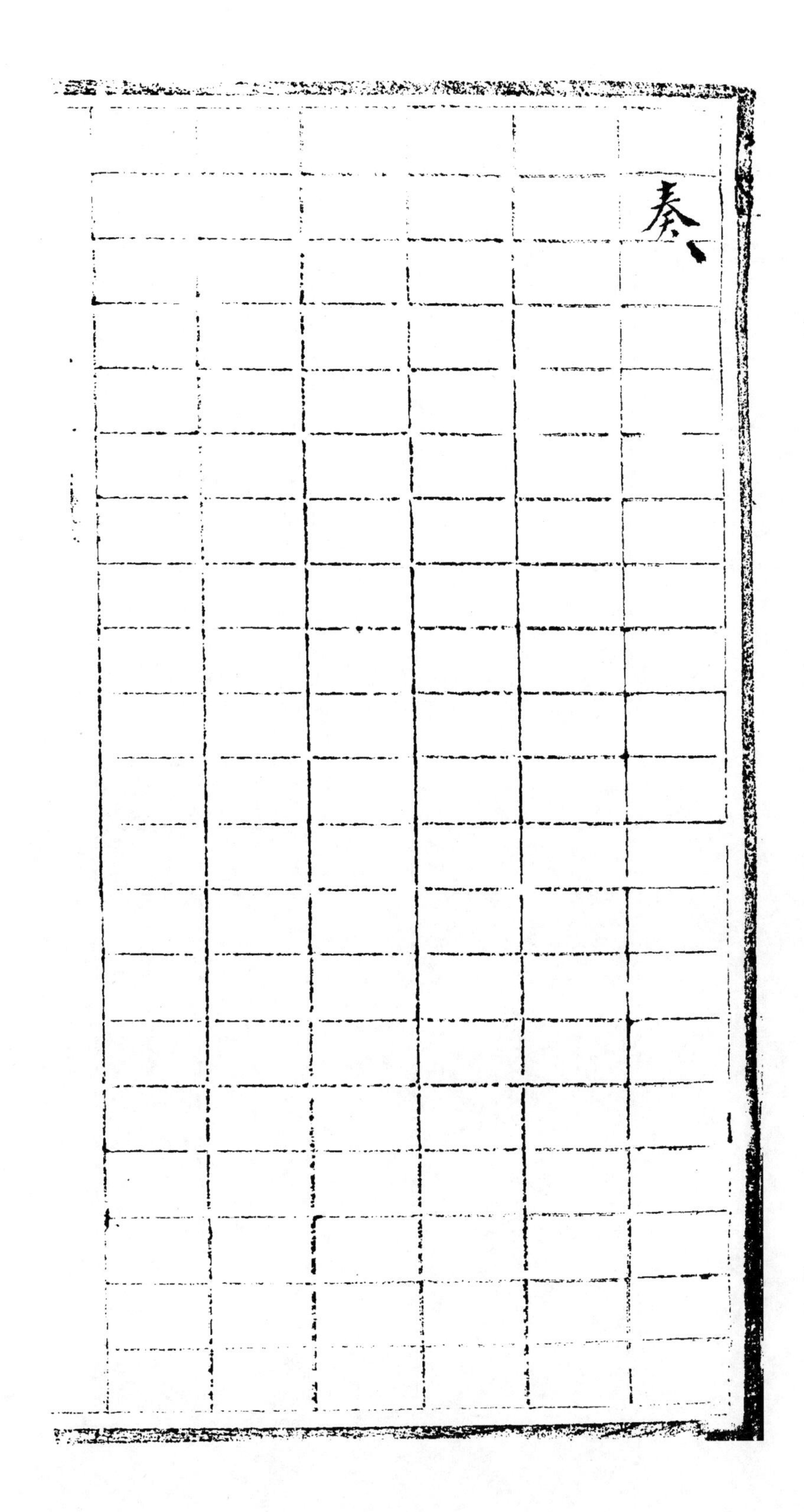

奏、

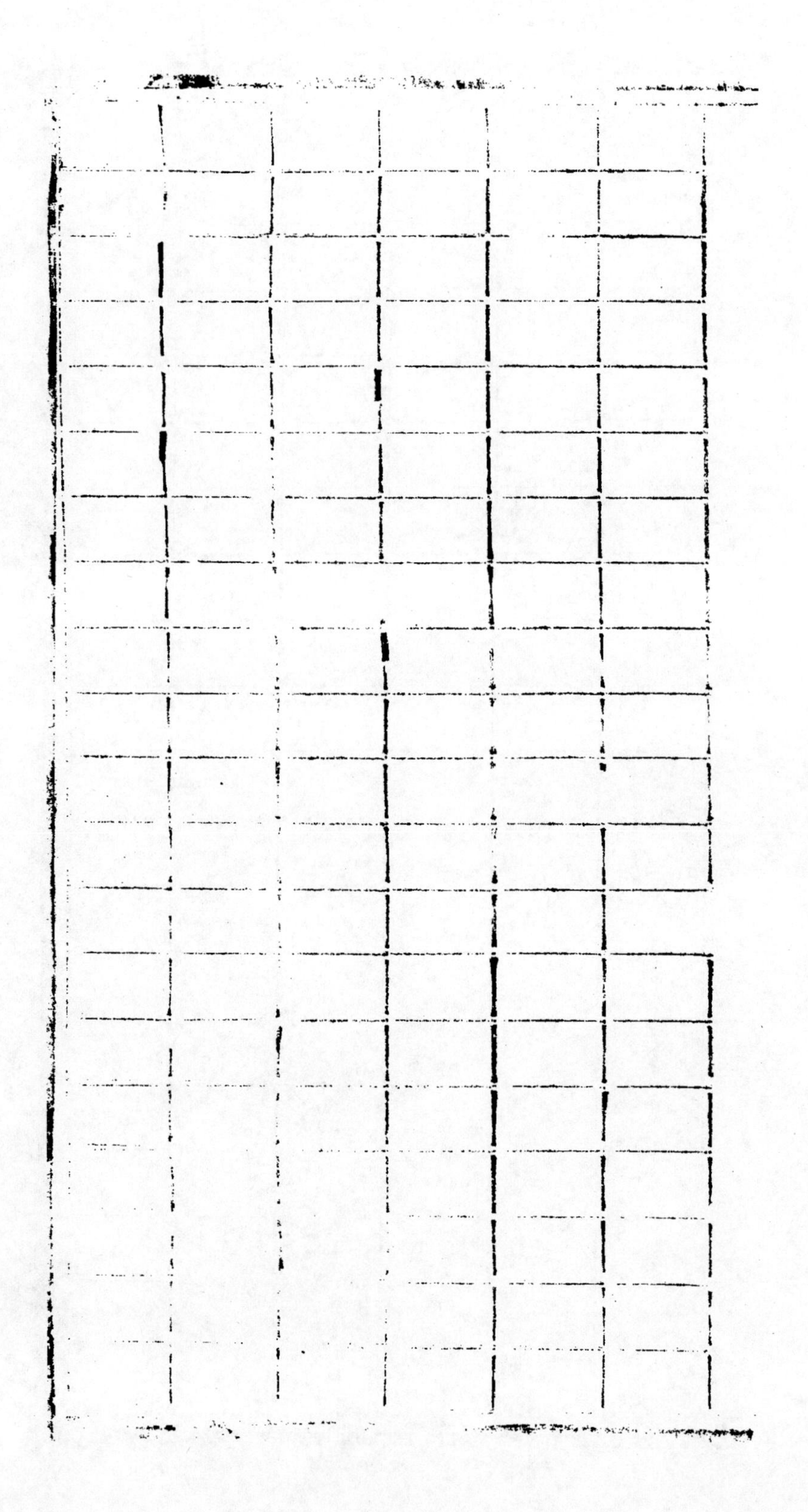

謹將上年前河臣奏保黃河防汛搶工出力文
武案內部駁查復改奬及員繕具清单恭呈
御覧、
計陳、
四品頂戴本班儘先補用同知孫長壽於同治
元年同胞弟附貢生孫聯淮在本籍安徽桐

城縣報捐鉅產、作為本邑永遠積穀公田之
用、經安徽撫臣、專摺附奏請獎賞給孫長壽
四品頂戴、孫聯淮五品頂戴、光緒七年七月
二十八日、賫回原片、奉
旨着照所請、該部知道、欽此、遵奉行知在案、
四品頂戴候補通判白曾煇、於光緒五年防汛

出力案內經前河臣奏保四品頂戴六年五

月初九日奉

旨照准遵奉行知在案

知府用候補直隸州封邱縣知縣逢春前在安

徽捐輸軍餉案內已奉准五品頂戴原保清

单內漏未聲叙今請加四品頂戴核與定章

不符改為五品頂戴、係屬重複、擬請改為從

優議敍、

候補縣丞春惠、原保以本班儘先補用、既與定

章不符、行令另核請奬、擬請改為補缺後以

知縣用、

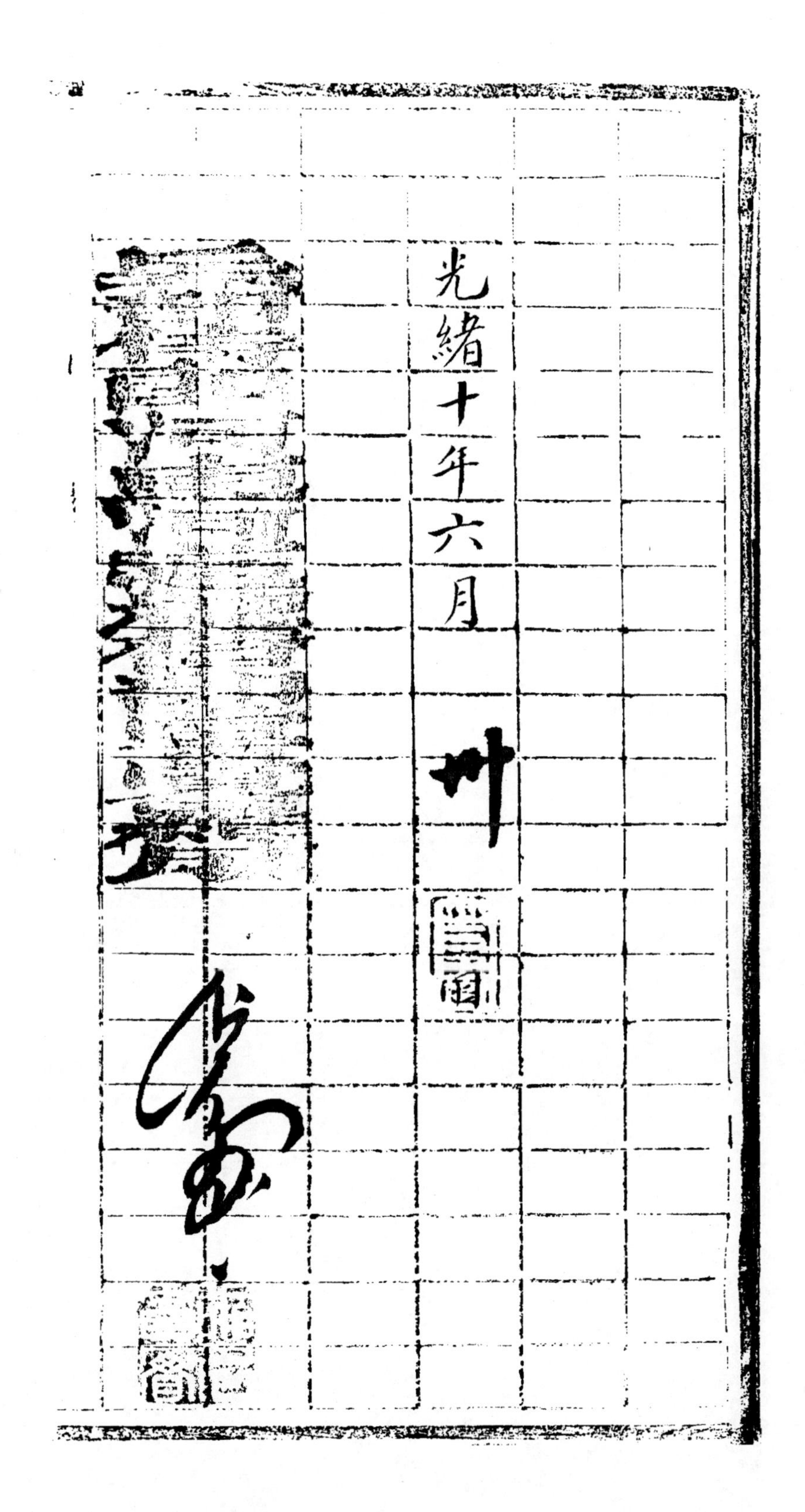

光緒十年六月廿

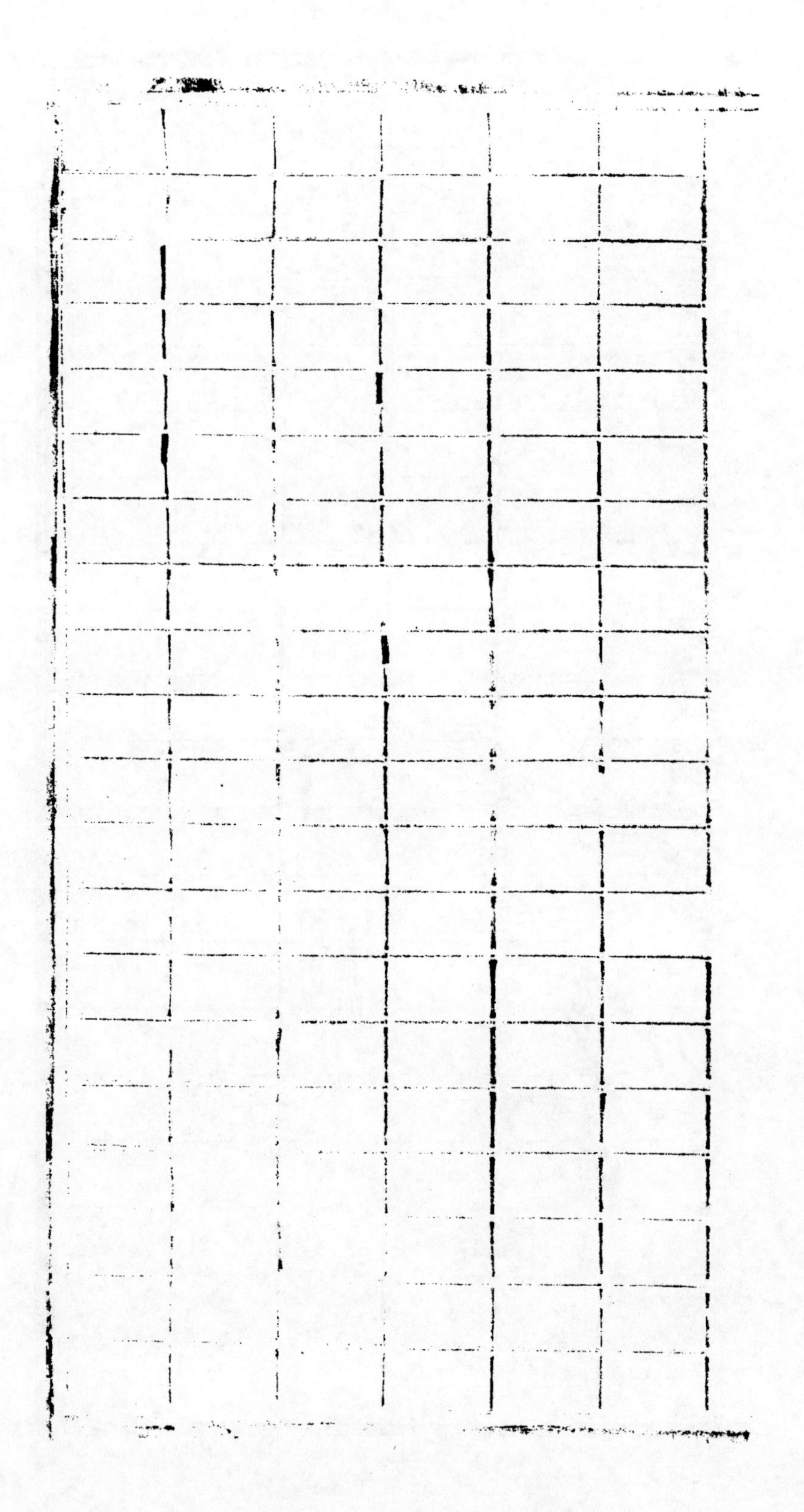

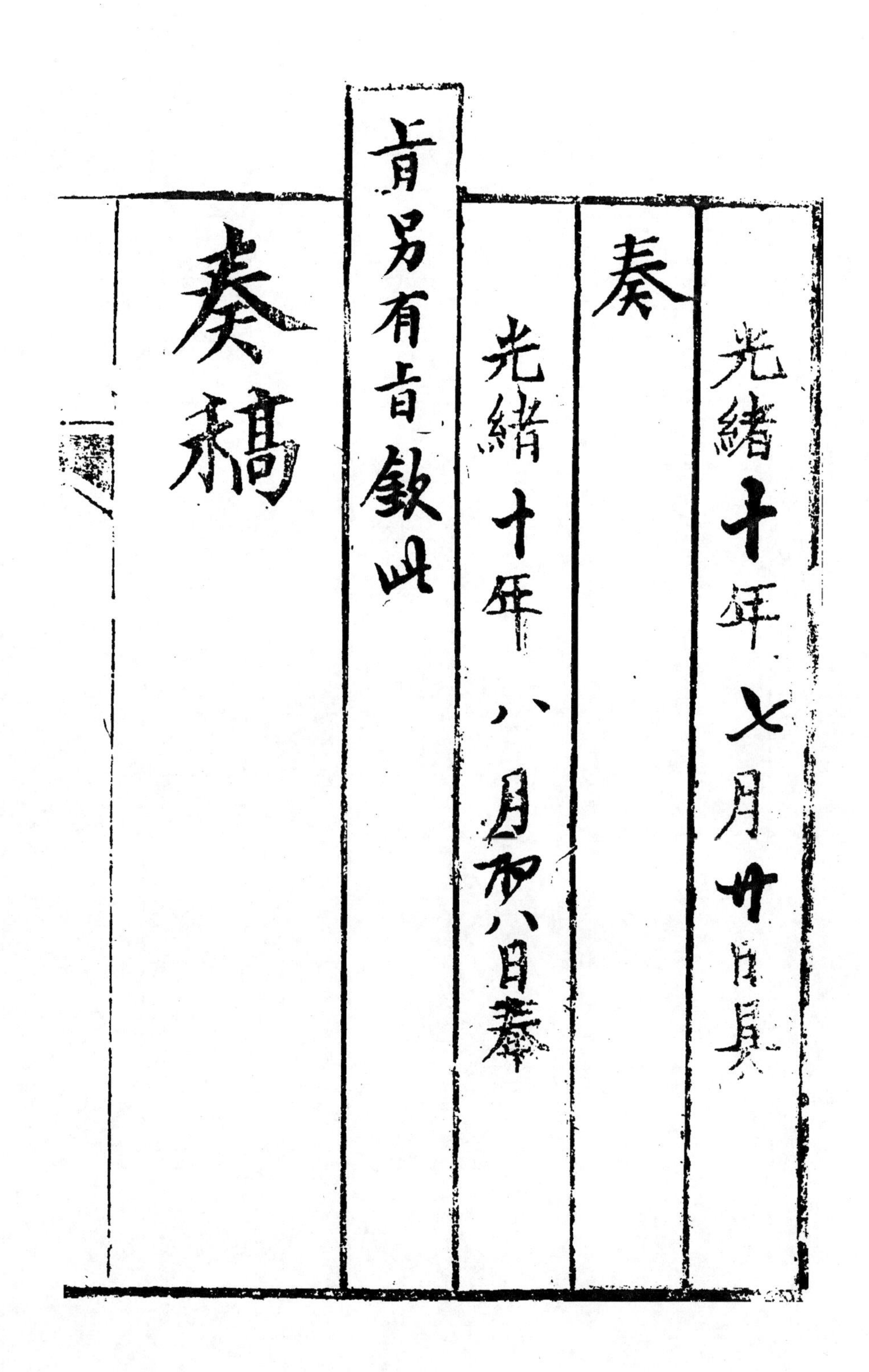

光緒十年七月廿四日具

奏

光緒十年八月初八日奉

旨另有旨欽此

奏稿

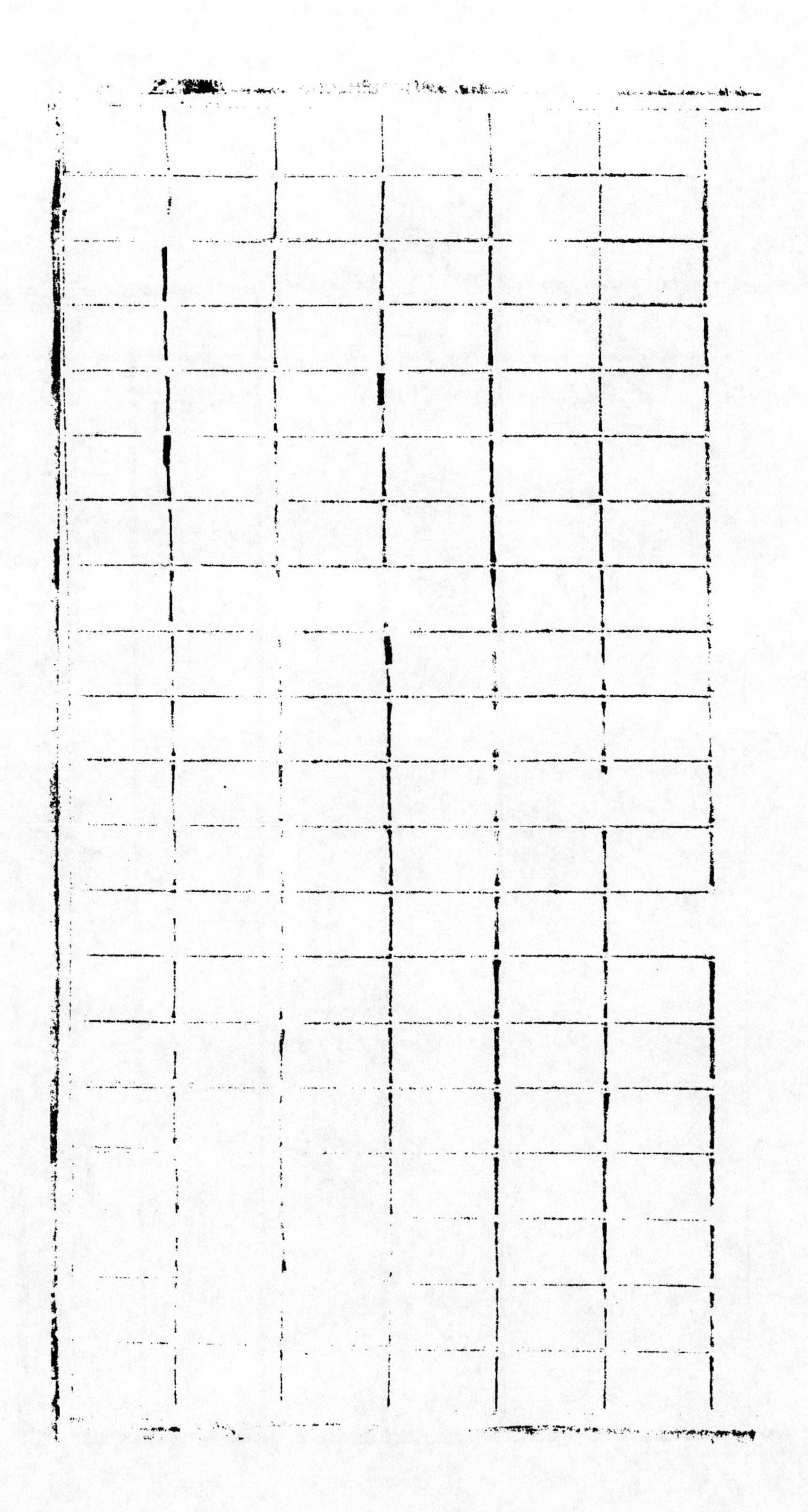

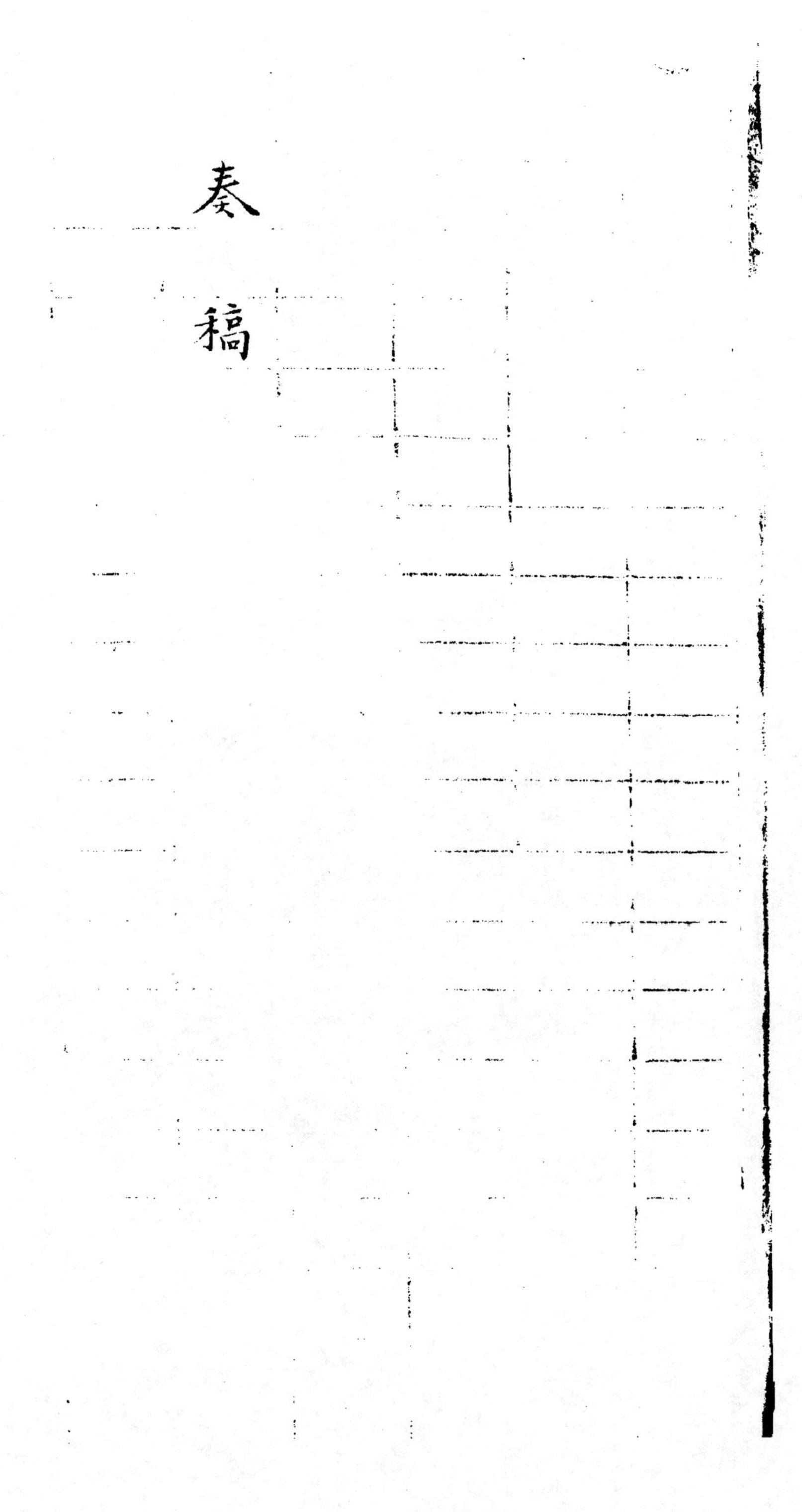

# 奏稿

奏為節交白露南北各廳工程除要督飭分投搶
護平穩情形、並經費不敷懇請添撥節省防除
銀兩以濟工需恭摺仰祈
聖鑒事竊照節屆處暑兩岸河勢廂工緣由前於七
月初五日具奏在案嗣查萬錦灘黃河於七月

初九日續長水三尺武陟沁河亦於是日陡長水一尺二寸來源雖不甚旺而兩河同日並漲滙流下注頗形浩瀚且各廳水誌長多落少存水大逾往年河勢節節變幻北岸下北廳祥下汛頭二堡埽壩鱗櫛本為至險之區入秋以來對岸生淤逼溜北卧驚濤駭浪湧若排山致上

下各垻埽段漲塌至二十餘段之多、並二堡三

垻下首空檔無工處、猛溜趨刷、存灘立盡、潰及

隄身、猝生險要、經該道廳等連夜調集兵夫於

塌隄搶要處、搶生新埽八段、並將各垻漲蟄之

埽分投赶緊補廂、復間段酌拋磚石、竭盡數晝

夜之力、大局克保無虞、仍一面催司等撥銀兩、

源源解工、俾資寬儲料物、撒手趕辦、南岸中河廳中牟下汛二三堡河心淤灘、日益南挺、河愈窄而東溜愈緊、沿隄埽段、頻蟄頻廂、埽前水深、自二丈餘至四五丈不等、甚有一埽追壓至数十坯、尚未到底者、迤下四五堡、及八九堡一帶、河勢忽提忽卸、人字托頭兩垻、及上首空檔、在在迎溜、而入字壩頭二等埽、屢次廂而復蟄、尤為吃緊、亦在分手搶補、用資抵禦、上南廳鄭州汛各堡河、仍隨灣圈卧溜、到之處、埽即蟄廂、工段亘長、此加彼護、未得一刻停手、其餘兩岸四廳、磚石埽壩工程、均經隨時督飭妥慎廂修、悉稱平穩、惟查司庫例准之款、自春夏至今、陸續

支撥、已將告罄、而工用急於星火、每因撥款未
到、不得不由該道廳設法賒挪措墊、以濟急需、
現計積欠各價、除將司欠銀兩抵撥外、所短為
数甚鉅、且汛期方長、水勢續漲、靡定各工料物、
亟須添購、據開歸、河北兩道援案稟請添款前
來、奴才謹就現在各廳情形而論、省益求省、必得

南岸添銀九萬兩、北岸添銀貳萬兩、方敷料理、

惟有仰懇

天恩俯照所請、准於歷年節省防險項下提撥銀十二

萬兩、

飭下河南撫臣、轉飭藩司、同前款未清銀兩、於霜降

以前全數撥清、俾資趕購料物、歸償墊欠、洵於要

要工有裨刻距霜清尚有四十餘日此後水勢
之旺弱工段之險夷尚難逆料奴才仍當督率道
廳營委等不遺餘力隨宜修守加慎巡防務期
工固瀾安以仰副
聖主廑念河防之至意所有節交白露搶辦各廳險
工平穩並請添撥防險銀兩緣由理合恭摺具

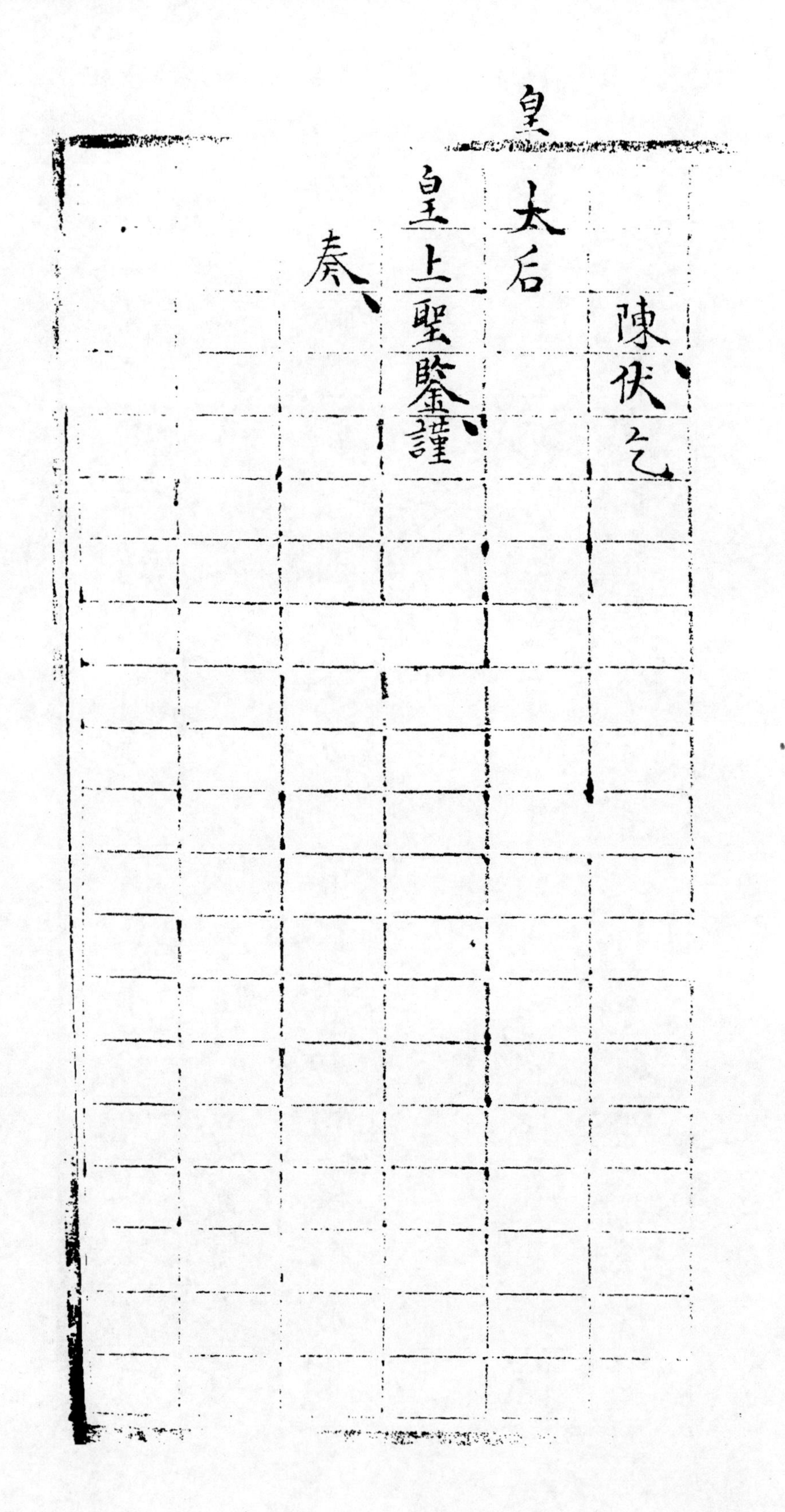

陳伏乞
皇太后
皇上聖鑒謹
奏

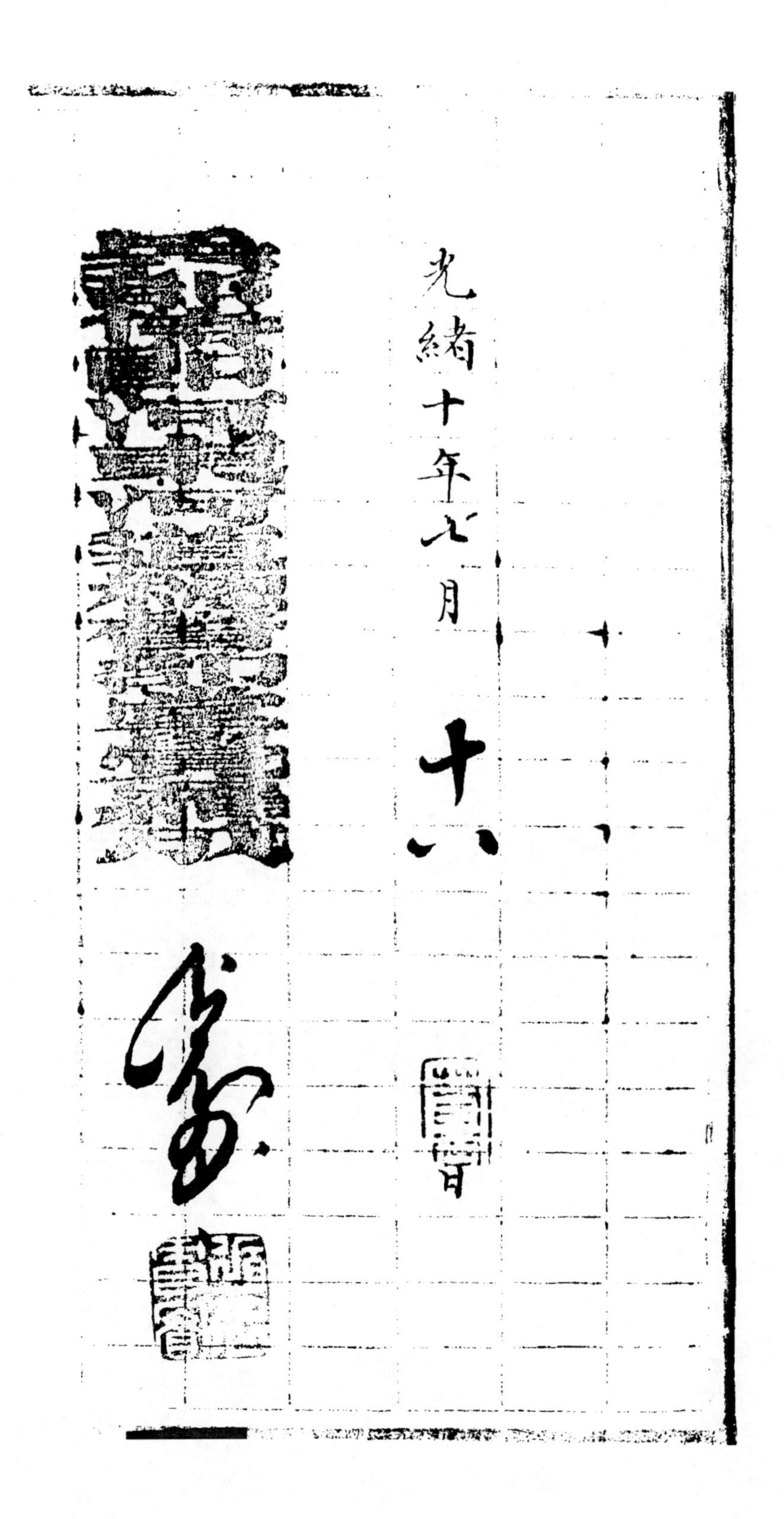
光緒十年七月十八日

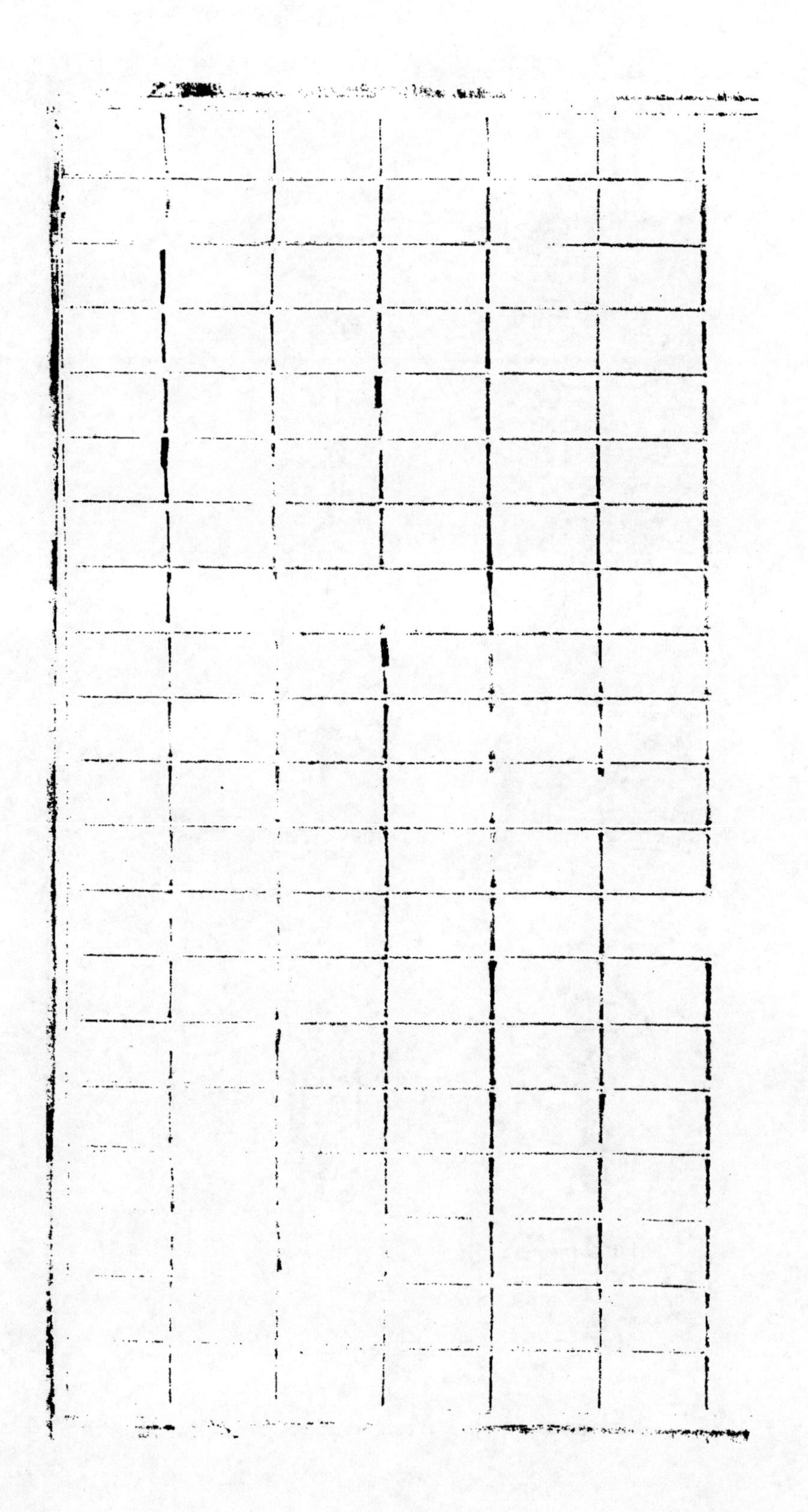

八月初六日承准
軍機大臣 字寄
河東河道總督成 河南巡撫鹿 光緒十年
七月二十九日奉
上諭成孚奏請添撥防險銀兩一摺據稱節交白露
南北各廳險工搶護平穩惟經費不敷懇請南岸添

撥銀九萬兩此岸添撥銀三萬兩等語著康傳霖

督飭藩司於歷年節省防險項下如數提撥並將

前款未清銀兩於霜降以前一併撥給成孚務當

督飭在工文武員弁覈實支放仍當妥籌修守以

固要工將此各諭令知之欽此遵

旨寄信前來七月二十九日發

再伏秋期内、另案補廂埽工、現已盤壓高穩者、係南岸上南河廳屬鄭州上汛八堡、順頭壩下首空檔順堤埽工七段、光緒九年停修、下汛十一堡石家橋順堤埽工十三段、光緒六年停修、底料俱形朽腐、交汛後、水長溜逼、各埽底先後滙淨、補還新埽二十段、中河廳屬中牟下汛十堡上段、順堤十一埽至二十五埽、光緒九年緩修、底料擱朽水長溜趨、各該埽脱胎滙净、補還新埽十五段、下南河廳屬祥符上汛十七堡挑水垻前埽工五段、光緒八年緩修、又該堡順頭垻基下首、護崖埽四段、光緒六年緩修、並該堡第二道順挑垻下首護崖埽三段、光緒九年緩修、底料俱形朽腐、汎水疊漲大、溜逼刷、致各埽底先後滙淨、補還新埽十二段、北岸黃沁廳屬唐郭汎攔黃埝、三壩埽工三段、七壩迤下埝根埽工三段、三埽下首埽工四段、均係光緒八年緩修、順二壩下首空檔埽工五段、光緒七年緩修、交汎後水長溜注、各埽底先後滙淨、補還新埽十五段、衛粮廳屬封邱汛西圈埝、第二道順埧西面、並埧頭、埽工三段、又頭埧西面、並埧頭埽工二段、均係光緒九年停修、因汛水陡長大溜趨刷、舊底滙净、補還新埽五段、祥河廳屬祥符上汛十五堡挑埧頭、二三四埽、埽工四段、光緒八年緩修、十六堡第二道挑埧埽工六段、光緒七年停修大、汛水長溜注底、料滙刷淨盡補、還新埽十段、下北河廳屬祥符下汛頭、堡斜坝迤下空檔埽工三段、挑水五坝上首埽工二段、挑水五坝頭埽工二段、二堡挑坝迤上空檔埽工五段、俱係光緒八年緩修、因入秋後水、勢疊漲大、溜湧注、各該埽先後脫胎滙淨、補還新埽

十二段、以上各工、經開歸河北二道督飭各廳

營捘段盤壓高整抵禦河溜得力、理合附片具

陳、謹

奏、

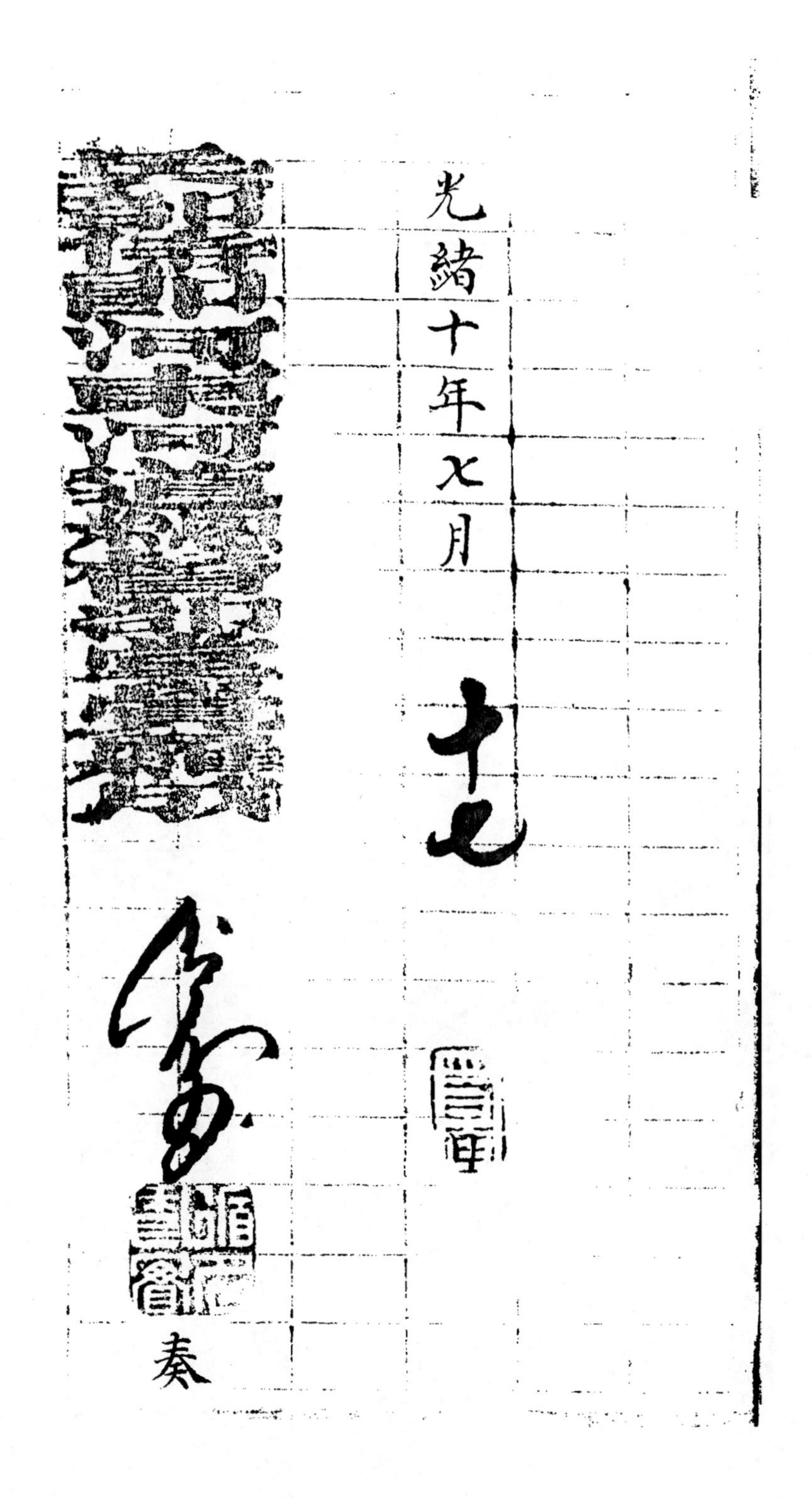
光緒十年七月
十七
奏

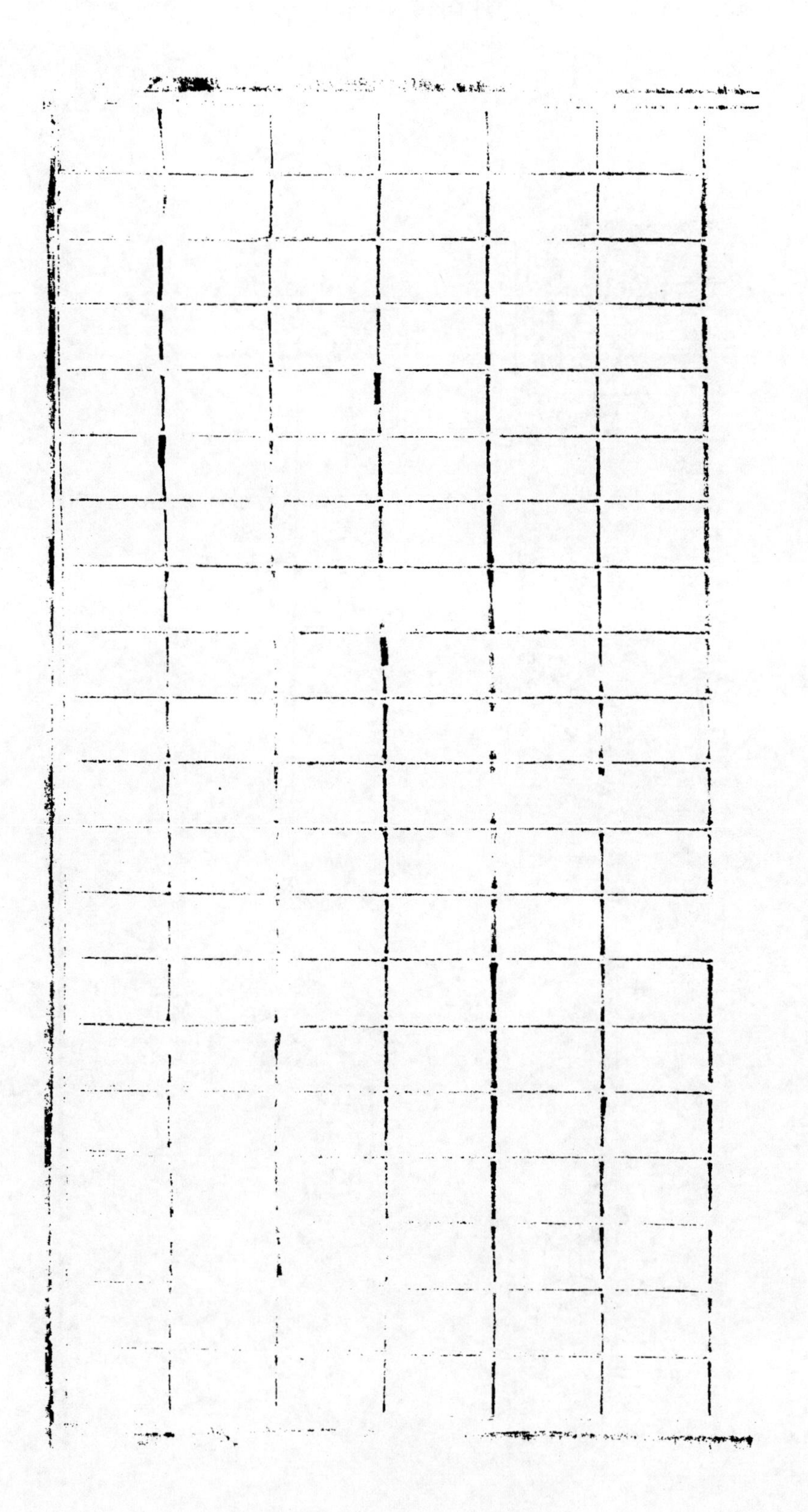

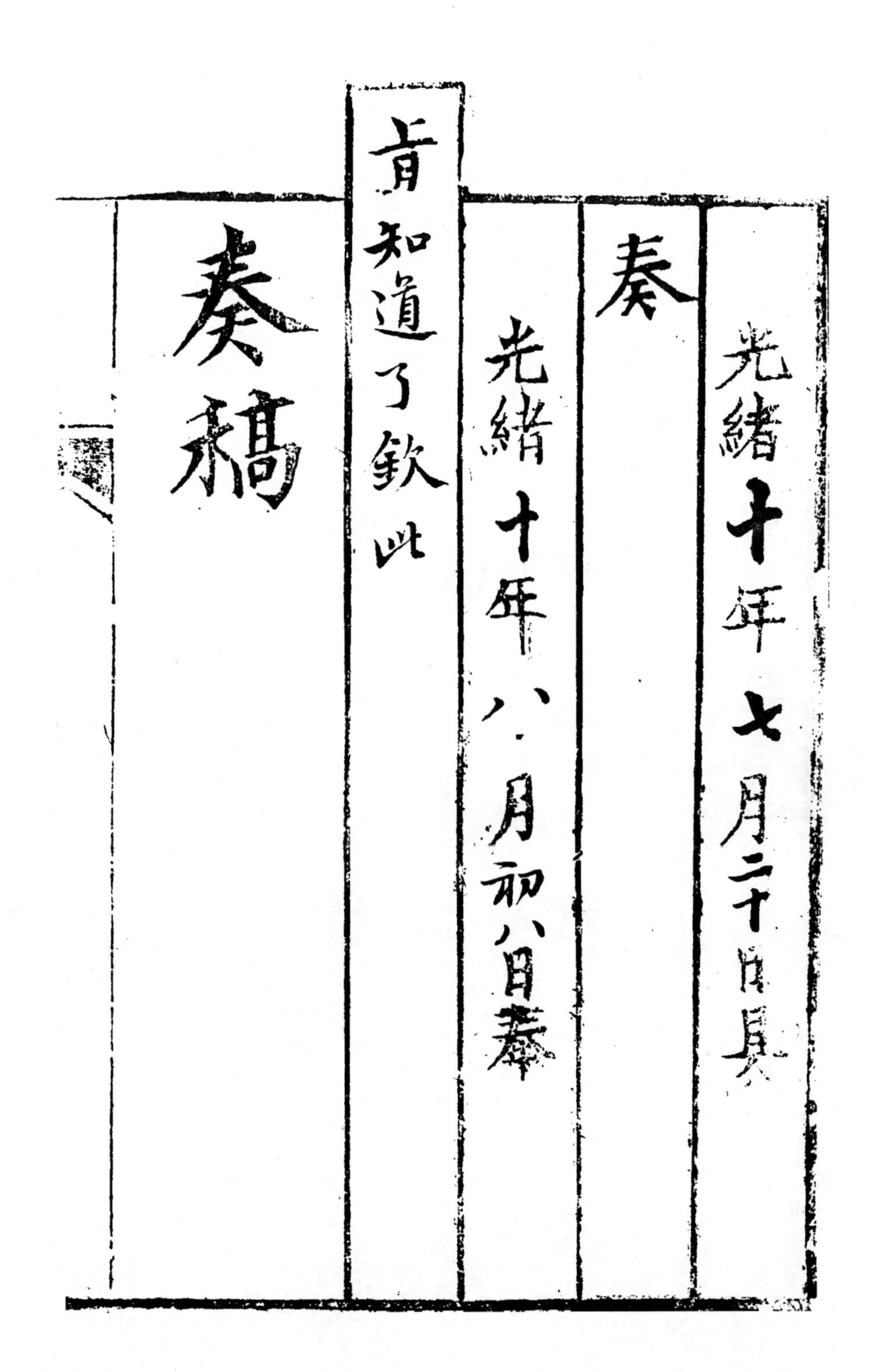
光緒十年七月二十日具
奏
光緒十年八月初八日奉
旨知道了欽此
奏稿

再　今春到任後，即赴兩岸周歷勘工，因各廳所办正雜料物，時逾桃汛，尚未購齊，詢據該廳員等僉稱奉准修工銀兩，值庫款匱絀，撥領逾期，以致節節躭延，未能如限完竣，而其中虧折耗費，尤以料款為大宗，緣各廳需料自三四百垛至七八百垛不等，向於八九月領銀發办，年底全

完則所領價銀尚專辦理今則歲前款不應手
購積無多迨至下年春間接辦鄉間存料已多
半售作柴薪間有存料之家明知河工必須購
搶險急
需用無不抬價居奇遂以兩渠之銀尚不專一渠辦運
開採石方遠逾數百里運費本極浩繁若採運遠
之用工員責無旁貸莫不稱貸賠挪如額推足
附水漲溜急搶運亦形艱阻重價招徠設法購辦
以顧考成因而積負纍纍補苴之術等語詳

加訪察尚係實在情形然溯本追源河員之累

固由於領款後時加公賠墊亦由於相沿積習

浮用過多再四籌思不得不通籌變計當一面（畫通以豫儲為節省）

商之藩司以後應撥河工銀（款）兩務竭力設籌按（務將）

時撥解一面嚴諭南北兩道隨撥隨發勿稍稽

時俾公事有所責成工員無所藉口並飭力裁

冗費涓滴歸公，不准稍有虛糜，定章以來，該司道及廳員等尚皆共體時艱，悉照所議辦理，故本年添款減而又減，較之近歲所請之數，節省銀四五萬兩，然河工用款，祇能杜其浮糜，不能省其實用，倘此後汛險工要，需用較多，仍當隨時據實奏陳，續請添撥，斷不敢以此時之節省，限後日之工需，

致有貽誤、總期事歸覈實、餉不虛糜、以仰副

聖主慎將重工之至意、為此附片具陳、謹

奏、

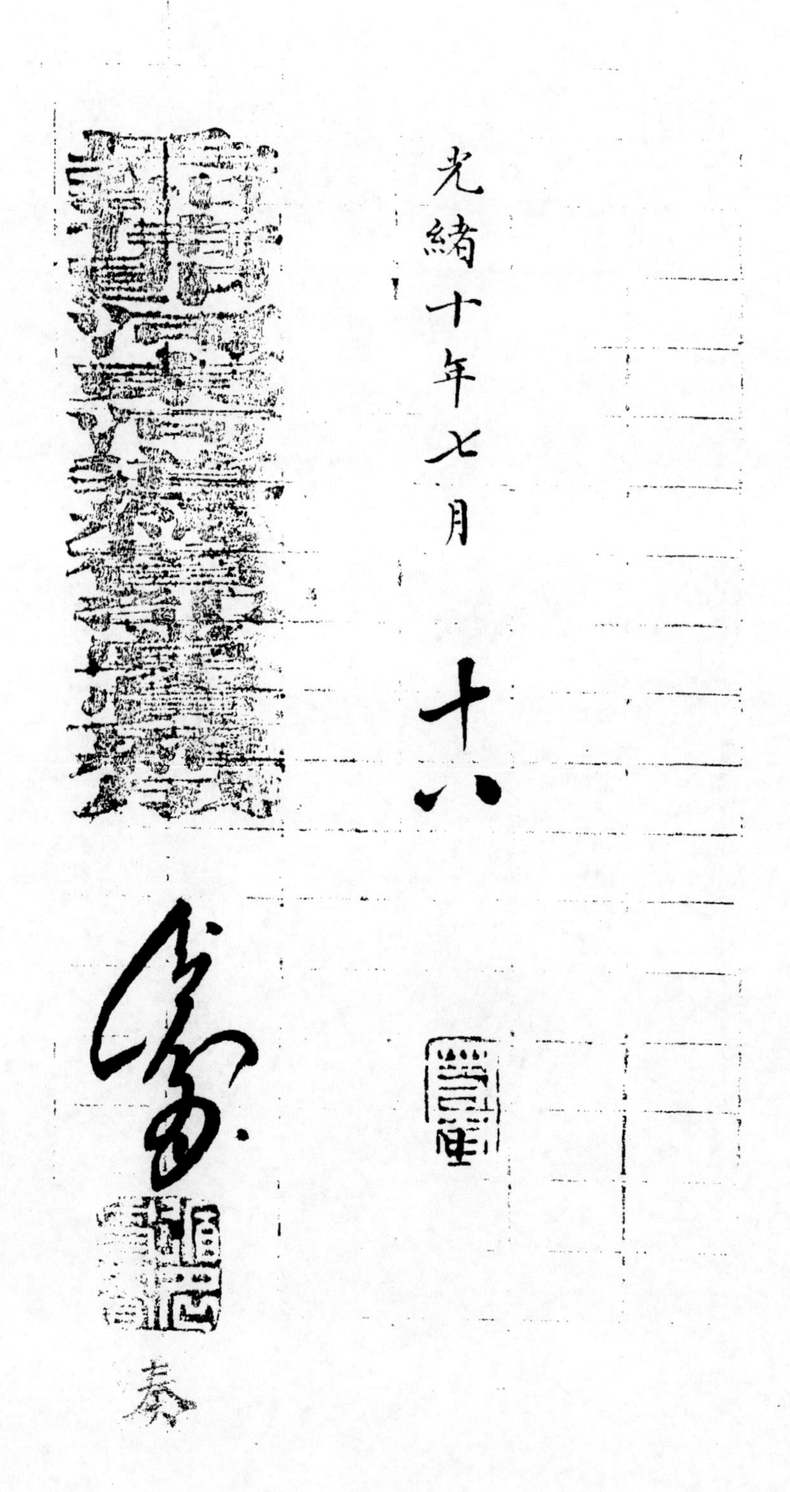
光緒十年七月
十八
奏

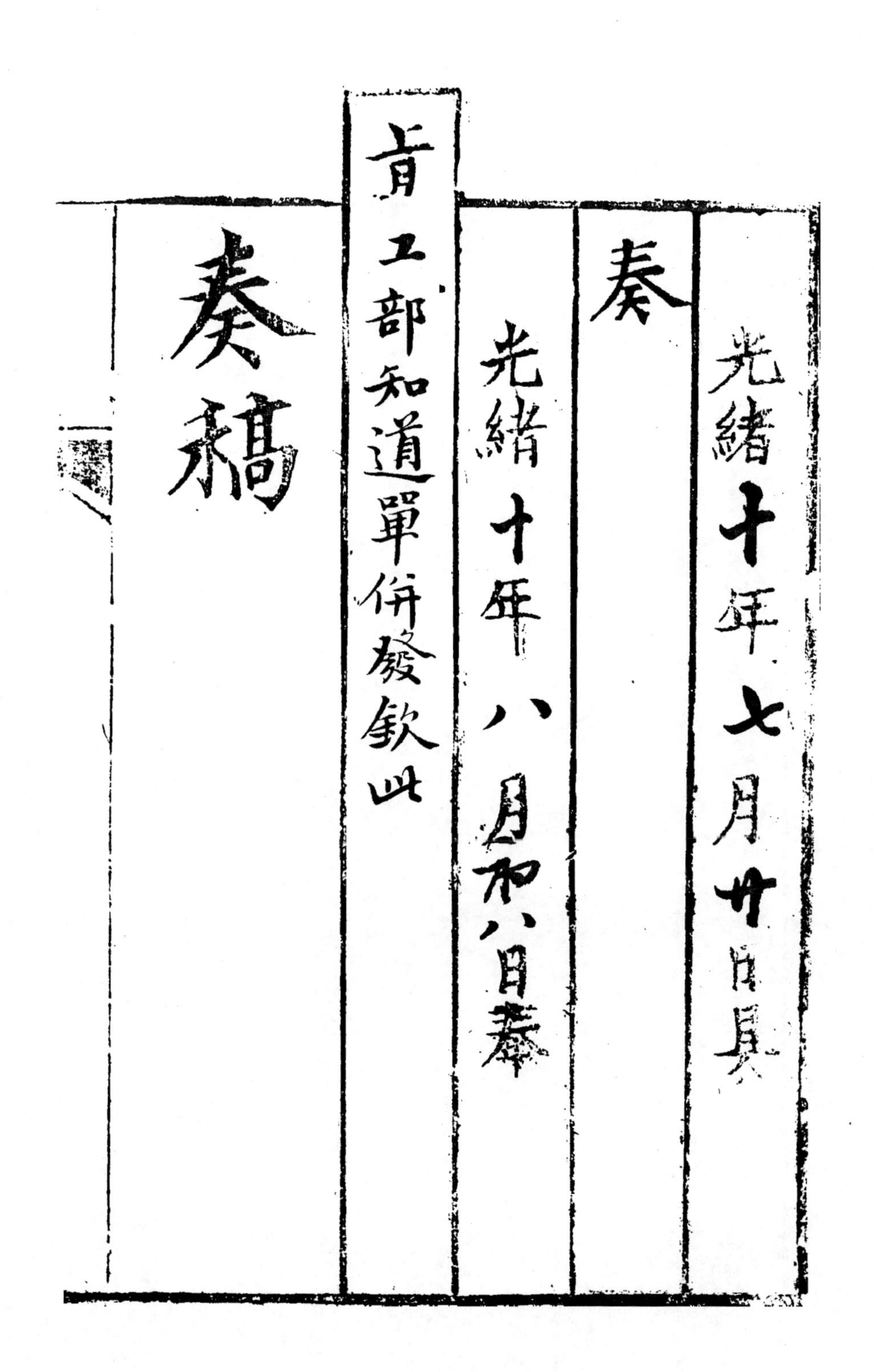

光緒十年七月廿日具

奏

光緒十年八月初八日奉

旨工部知道單併發欽此

奏稿

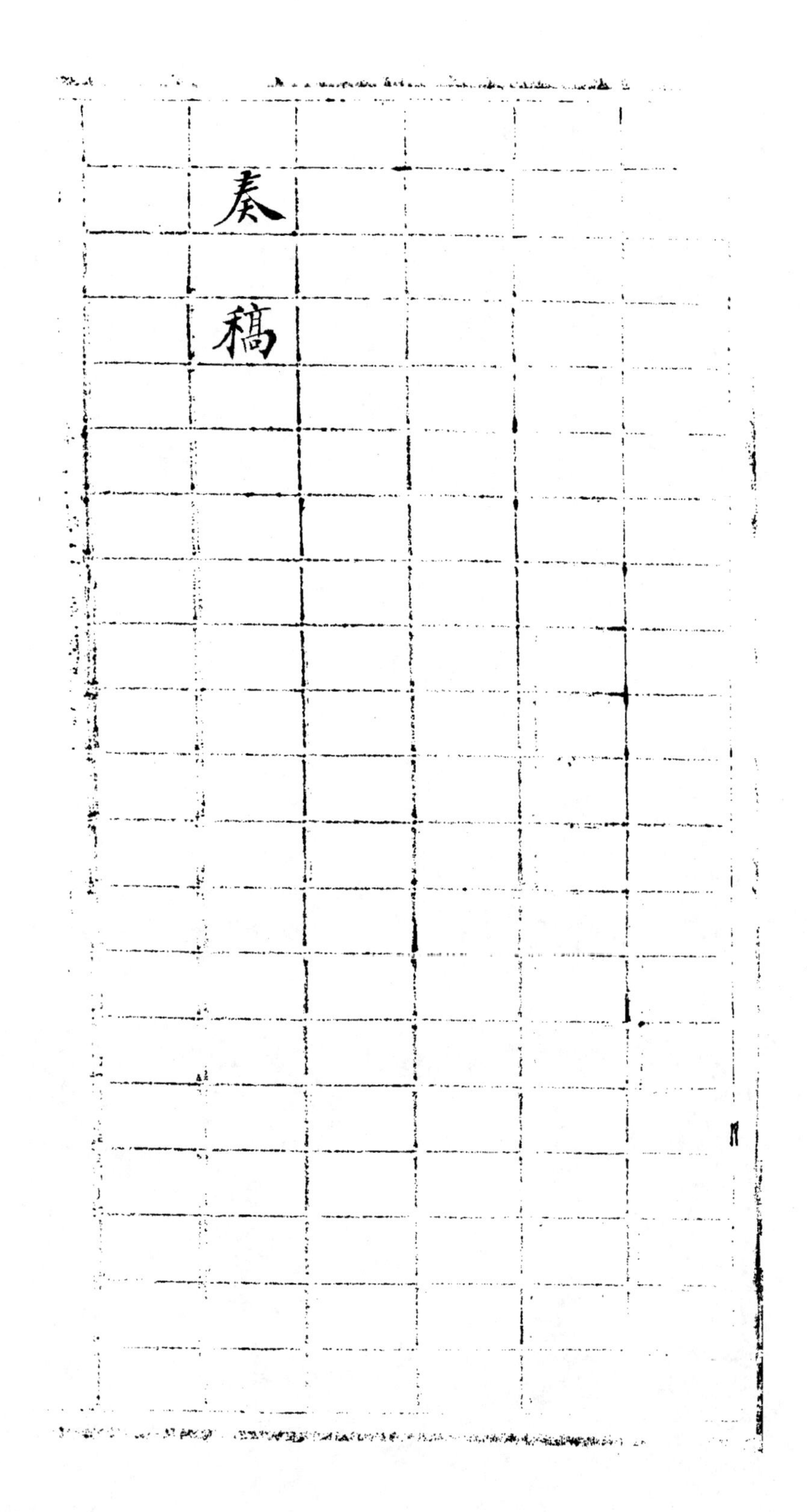
奏
稿

奏為查明本年六月分、各湖存水尺寸謹繕清單、

恭摺仰祈

聖鑒事、案查嘉慶十九年六月内、欽奉

諭、湖水所收尺寸、每月查開清單、具奏一次等因、欽

此、所有本年閏五月分湖水尺寸、業經繕單具

上

奏在案、茲據運河道穆特布、將六月分各湖存水尺寸稟報前來、奴才查微山湖定誌收水在一丈四尺以內、因豐工漫水灌注、量驗湖底積受新淤、恐不敷濟運、奏准加收一尺以誌椿存水一丈五尺為度、本年閏五月分存水一丈三尺二寸、六月內水無消長、仍存水一丈三尺二寸、較上年六月水大二寸此外昭陽等七湖長水一寸至七寸不等計昭陽湖存水四尺八寸南陽湖存水四尺五寸南旺湖存水二尺獨山湖存水五尺五寸馬場湖存水一尺九寸蜀山湖存水四尺八寸馬踏湖存水四尺三寸以上各湖存水比較上年六月水小四寸至三尺五寸不

等、查六月間稍得雨澤、湖水略見增長、亦有長消相敵者、現在節屆白露、秋汛尚長、正山泉旺發之候、奴才惟有督令司湖廳汛閘員等、乘時相機收蓄、不任消滴旁洩、以仰副

聖主蓄瀦濟運之至意、所有六月分各湖存水尺寸、

謹繕清单、恭摺具陳、伏乞

皇太后
皇上聖鑒、謹
奏、

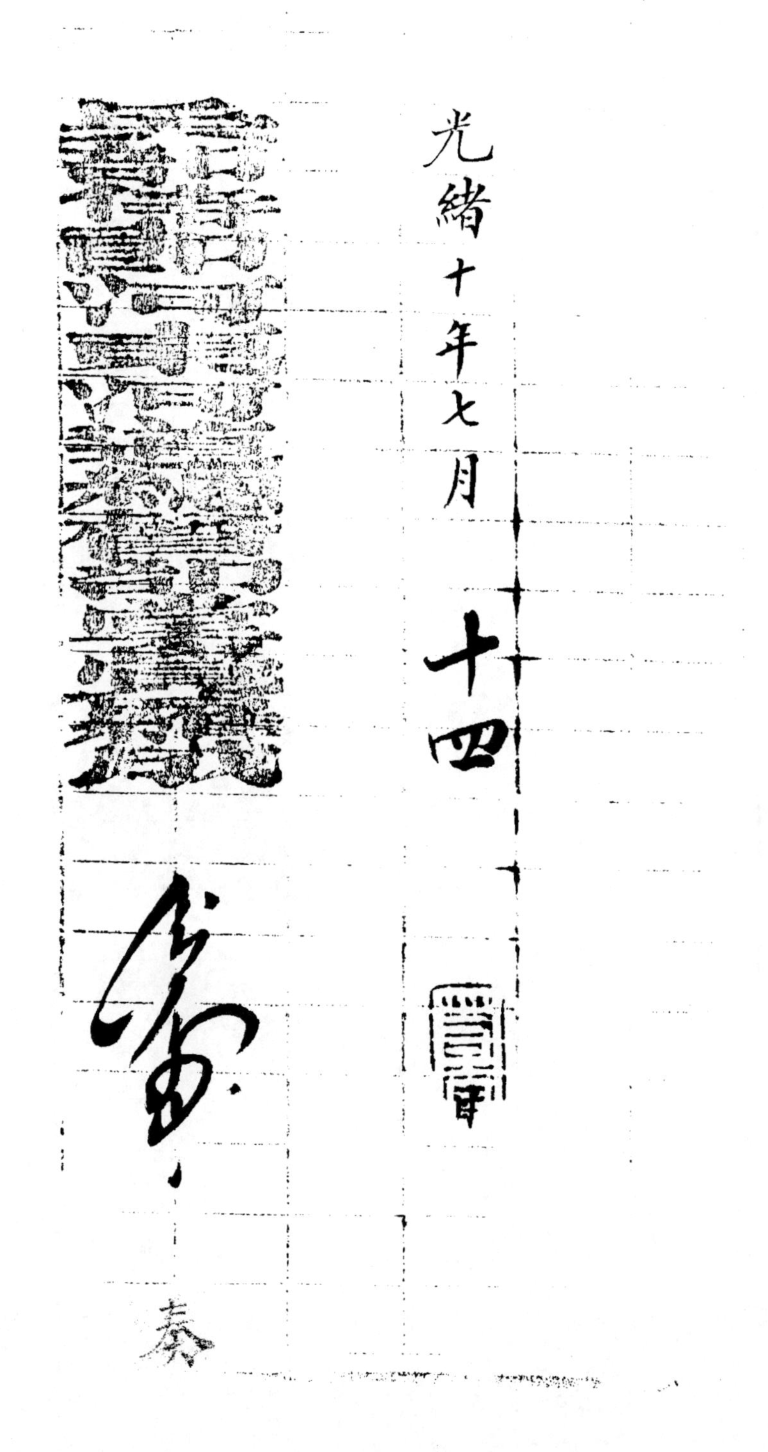

光緒十年七月十四

奏

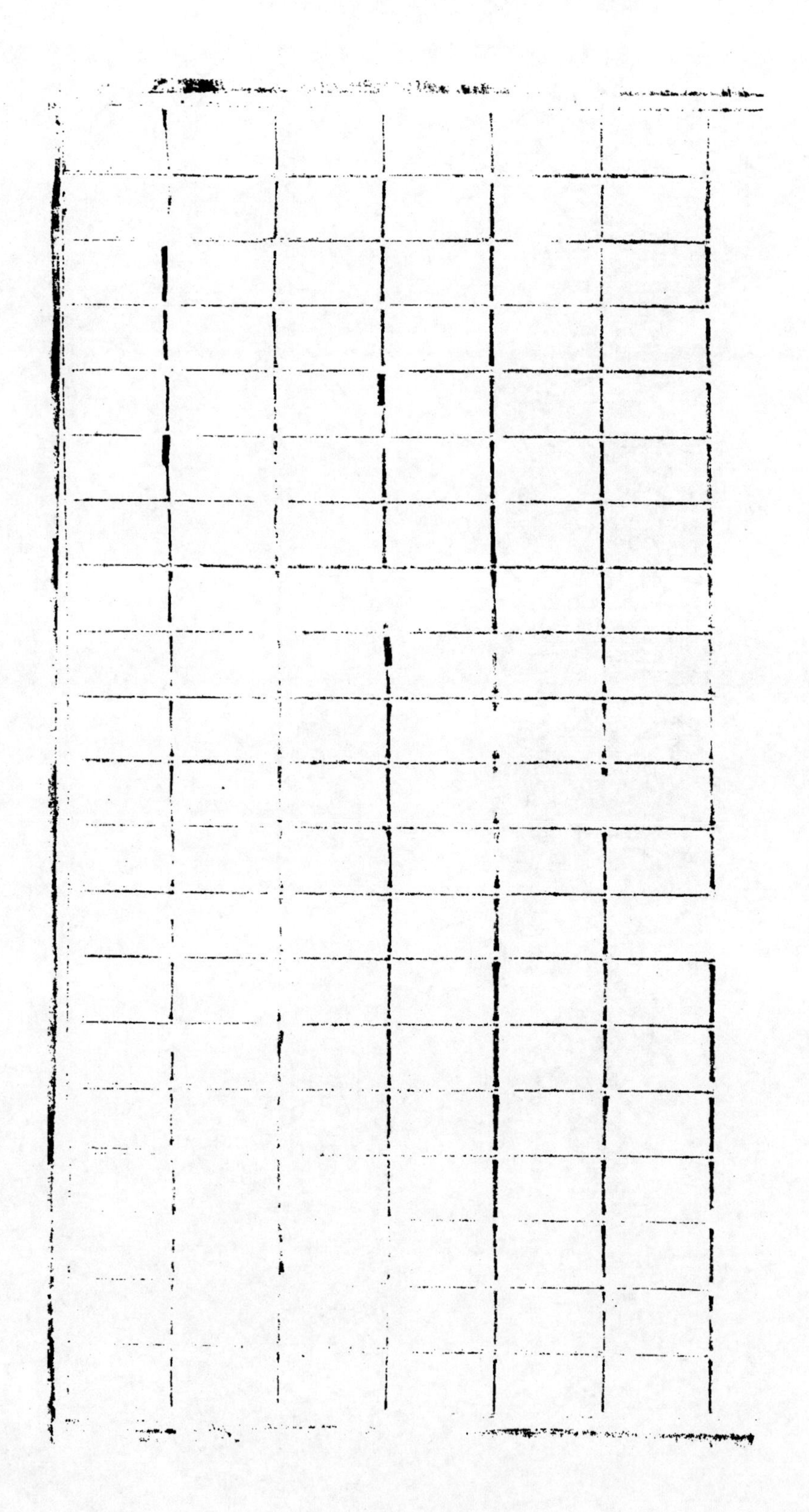

謹将光緒十年六月分各湖存水實在尺寸逐
一開明恭呈
御覽

運河西岸自南而北四湖水深尺寸

一微山湖以誌樁水深一丈二尺為度先因湖
底淤墊三尺不敷濟運奏明收符定誌在一

丈四尺以内、又因豐工漫水灌注、量驗湖底、復受新淤二尺七寸、秦淮加收一尺、以誌樁存水一丈五尺為度、本年閏五月分存水一丈三尺二寸、六月内水無消長、仍存水一丈三尺二寸、較上年六月水大二寸、

一、昭陽湖本年閏五月分存水四尺七寸、六月

内長水一寸，實存水四尺八寸，較上年六月，水小一尺五寸。

一、南陽湖本年閏五月分存水四尺四寸，六月內長水一寸，實存水四尺五寸，較上年六月，水小一尺五寸。

一、南旺湖本年閏五月分存水一尺五寸，六月

内長水五寸、實存水二尺、較上年六月、水小

三尺五寸、

運河東岸、自南而北、四湖水深尺寸、

一、獨山湖本年閏五月分存水五尺四寸、六月

内長水一寸、實存水五尺五寸、較上年六月、

水小一尺五寸、

一馬場湖本年閏五月分存水一尺二寸，六月內長水七寸，實存水一尺九寸，較上年六月，水小一尺三寸。

一蜀山湖定誌收水一丈一尺為度，本年閏五月分存水四尺七寸，六月內長水一寸，實存水四尺八寸，較上年六月水小三尺四寸。

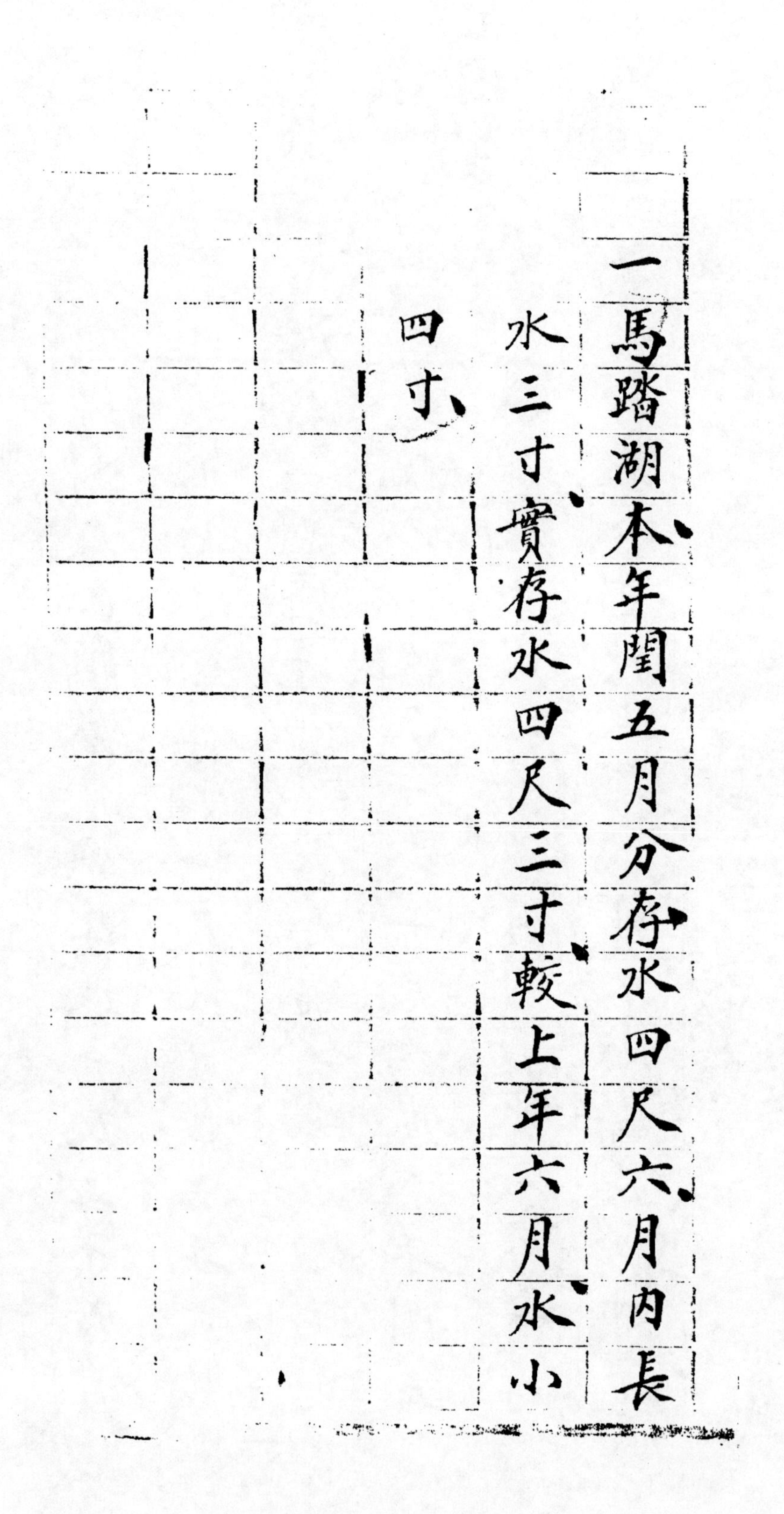
一馬踏湖本年閏五月分存水四尺六月内長水三寸，實存水四尺三寸，較上年六月水小四寸。

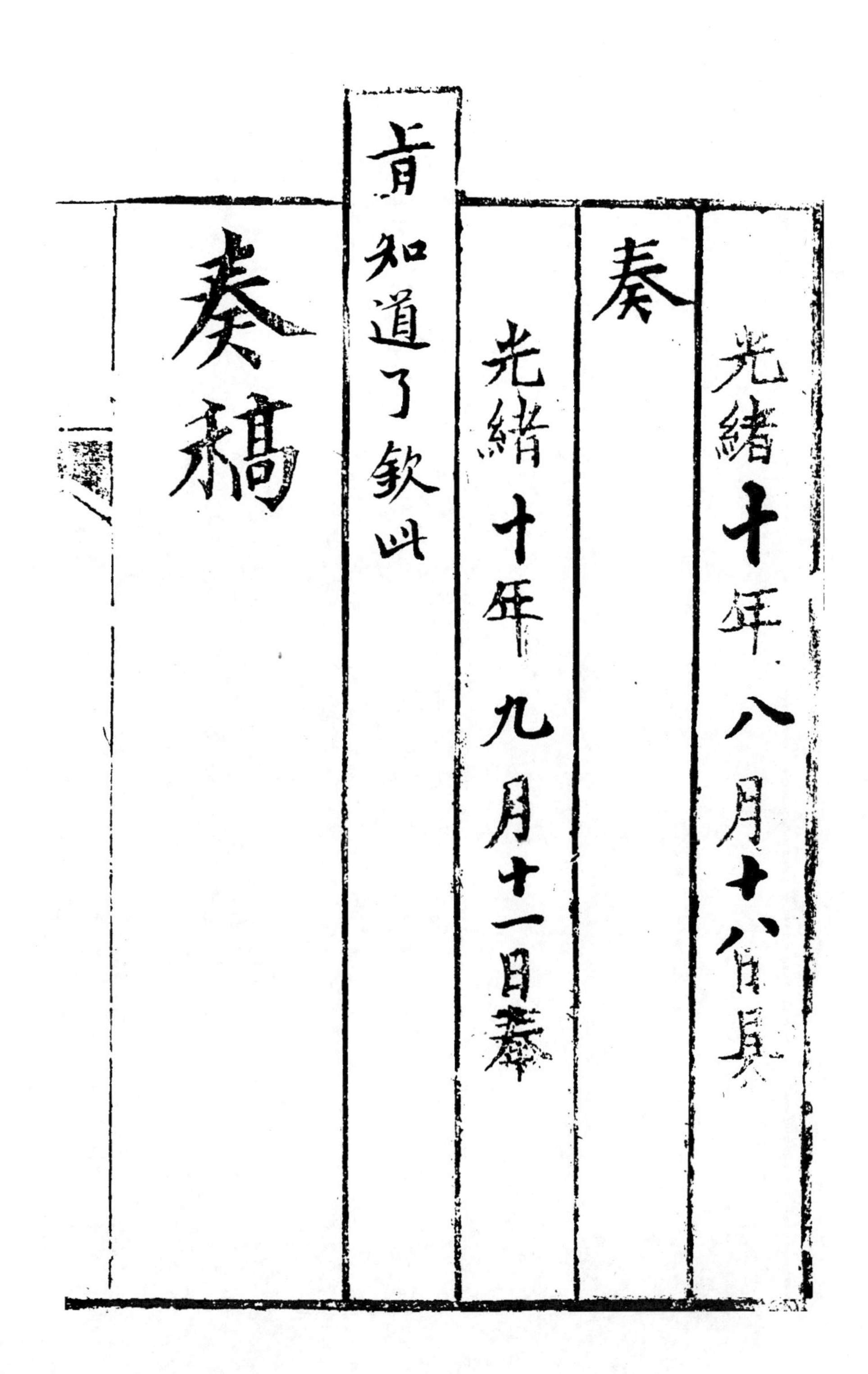

光緒十年八月十八日具

奏

光緒十年九月十一日奉

旨知道了欽此

奏稿

奏稿

奏為節交寒露黃河長水漸消兩岸工程修守平

穩恭摺仰祈

聖鑒事竊　前於七月二十日將白露前後各廳長

水廂工情形具奏後查一月以来上游沁黃来

源均未續漲惟時值深秋水力搜淘彌勁南岸

上南廳胡家屯來童寨中河廳三堡五堡並八
九堡一帶河既上提下坐圈刷不移迎溜埽石
各工仍不免紛紛蟄塌日事廂修北岸下北廳
祥下汛頭二堡自上月河灣北臥猝出險工一
疊接該廳稟报即馳往查勘全河堆注勢甚汹
湧各垻舊有埽工多半塌沒入水並有埽已滙

浄、漬及隄垻之處、情形在在吃緊、當連日督率該道

廳等、調集兵夫、併力分投搶護、工作夜以繼日、

共補廂新埽三十餘段、大局克保無虞、日來長

水漸消、涸亦鬆緩、而河底日見加淘、埽外水深、

俱在三丈以外、仍飭寬儲料物、隨墊跟加、鑲蓁

堅鞏、其餘各廳工段、自伏徂秋、節次擇要廂護、

現俱平穩。勘明續廂埽工現已追壓高穩者，係

南岸上南河廳屬鄭州上汛五堡盖壩下首順

河搶埽工十段，又迤下挑頭壩下首埽靠埽工

六段，均係光緒九年停修舊底朽腐，入秋後水

長溜逼，各埽底先後滙淨，補還新埽十六段，中

河廳屬中牟下汛二堡下首順隄因溜注趨刷，

滙及隄身情形緊要、搶廂新埽六段、又三堡順
隄二十一埽至二十九埽、係光緒九年緩修、河
水迭長猛、湍溜逼刷、舊底脫胎滙淨、當即照段補
還、共計新廂補廂埽工十五段、下南河廳屬祥
符上汛二十堡挑水頭垻下首空檔、順隄埽工
七段、並該堡魚鱗二垻埽工三段、均係光緒七、

年緩修底料糟朽秋汛水長溜注各埽底先後
滙淨補還新埽十段以上各工奴才周歷詣驗此
理悉合機宜抵禦河溜得力刻距霜清尚有半
月近日陰雨連綿水勢有無續漲仍難預定奴才謹當督飭兩岸
道廳文武等加意嚴防慎重修守既不敢因循
誤事亦不任稍涉虛糜總期料節工堅安瀾普

慶、仰副

九重、廑注所有節交寒露長、水漸消兩、岸工程修守

平穩緣由、理合恭摺具陳、伏乞

皇太后

皇上聖鑒、謹

奏、

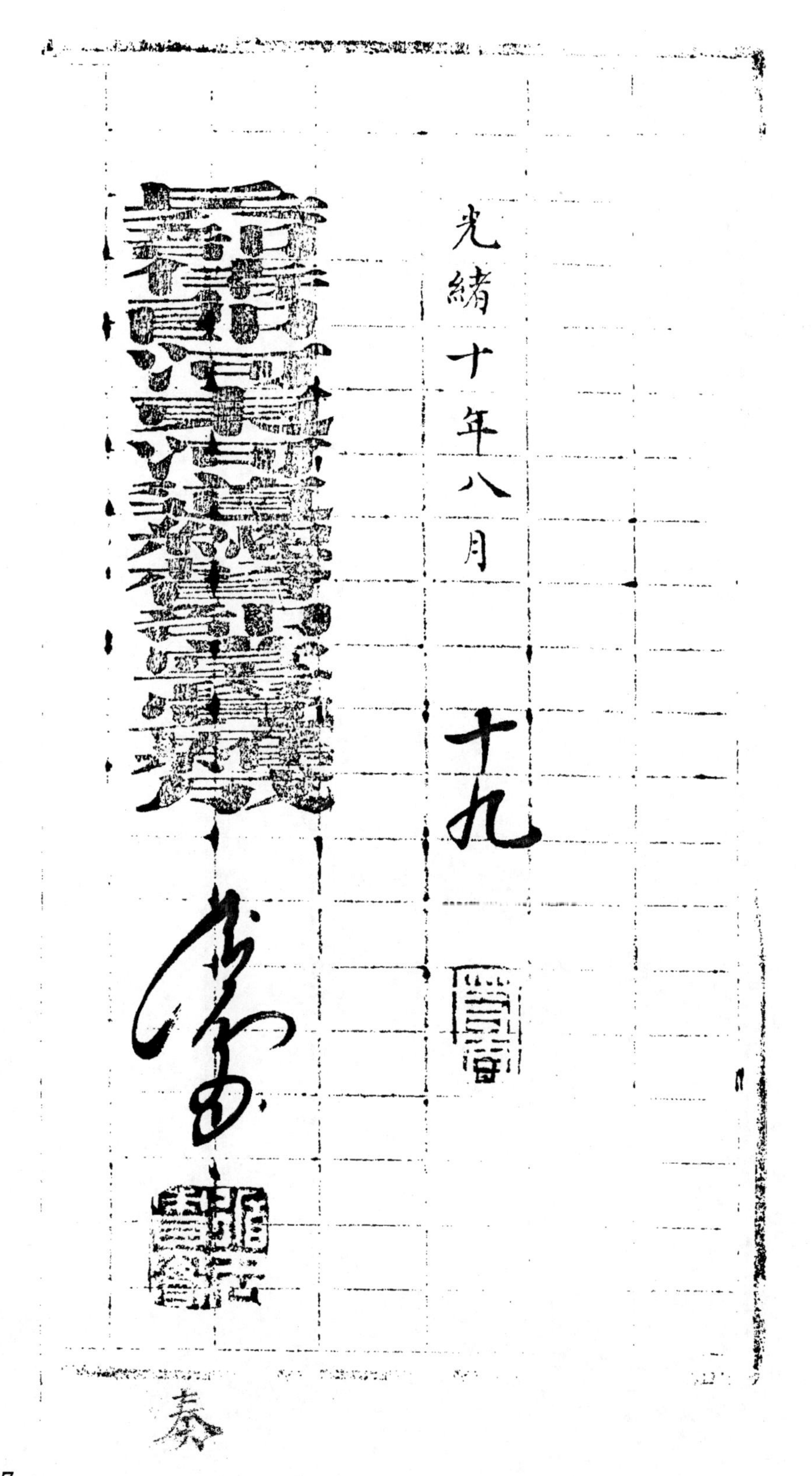

光緒十年八月 十九

奏

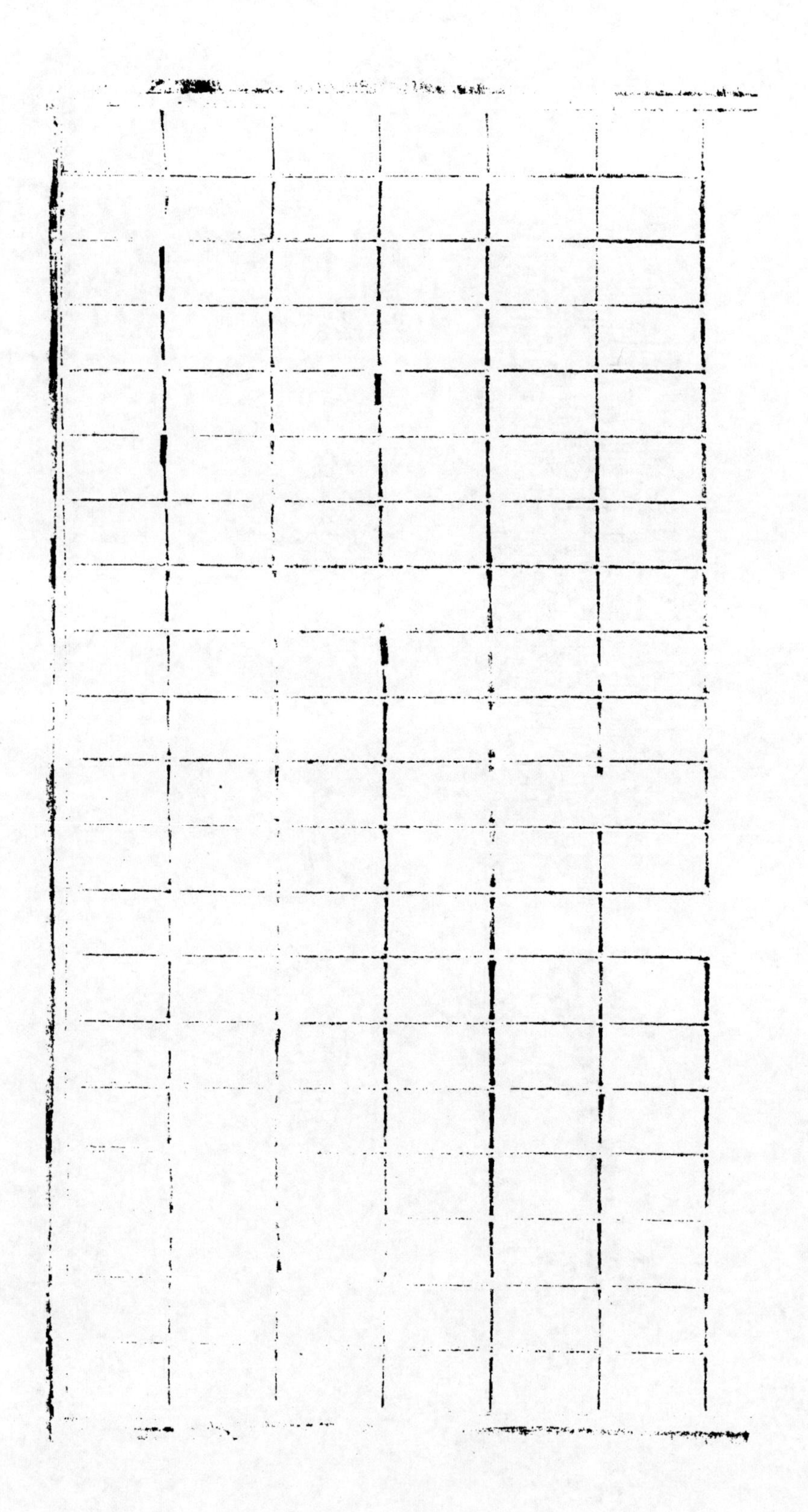

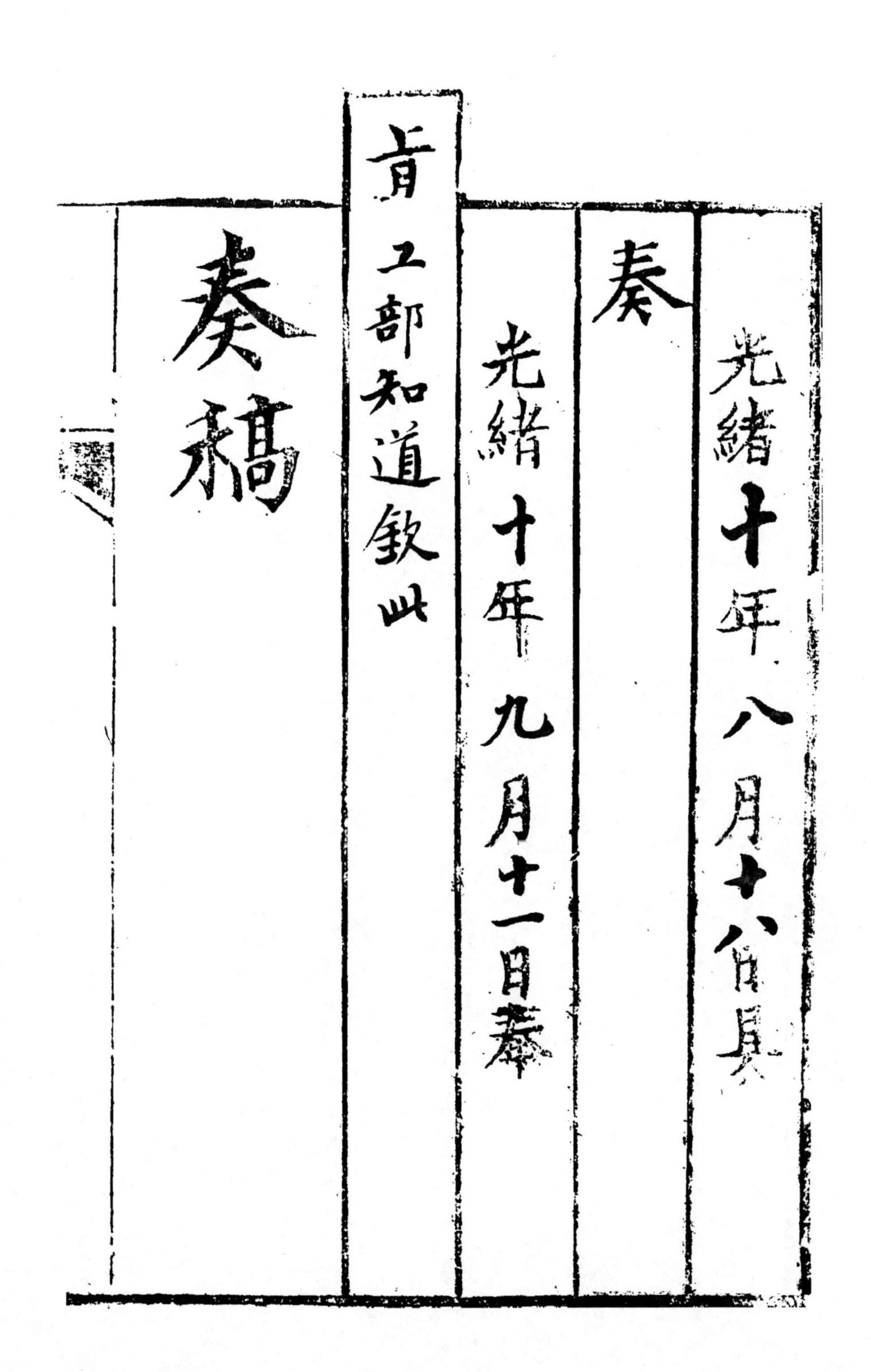

光緒十年八月十八日具

奏

光緒十年九月十一日奉

旨工部知道欽此

奏稿

再本年伏秋汛内，黄河两岸抛护砖石坝埽均

经開歸河北二道督飭各廳分别辦理，兹據量

驗工段丈尺，具稟請

奏前來，復加察核，係北岸黄沁廳属唐郭汛攔

黄埝砖八坝下首土坝頭加抛砖坝一道，衛粮

廳属封邱汛十三堡越埝三道挑坝頭加抛砖

垻一道祥河廳屬祥符上汛十五堡挑水垻上
首加抛磚垻一道下北河廳屬祥符下汛二堡
挑垻迤上空檔五埽迤下順隄頭埽上首加抛
磚垻一道以上每道用磚自二百九十餘方至
七百八十餘方不等又南岸上南河廳屬鄭州
上汛五堡順隄頭埽上首空檔加抛石垛一道

中河廳屬中牟下汛九堡托頭埧迤下空檔北
戧五埽前加抛碎石一段下南河廳屬祥符上
汛十九堡盖埧新三埧磚埧外加抛碎石一段
北岸黄沁廳屬唐郭汛攔黄埝磚七埧下首第
二道順埧頭並西面加抛碎石一段衛粮廳屬
封邱汛十三堡越埝四道挑埧頭並西面加抛

碎石一段、祥河廳屬祥符上汛十六堡第三道挑壩上首加抛碎石一段、下北河廳屬祥符下汛頭堡斜壩壩頭並西面加抛碎石一段以上、每道用石自三百餘方至六百八十餘方不等、均係應辦之工、分別抛護穩固、除飭將工段丈尺銀數詳細造具印冊核繕清单另行彙辦外、

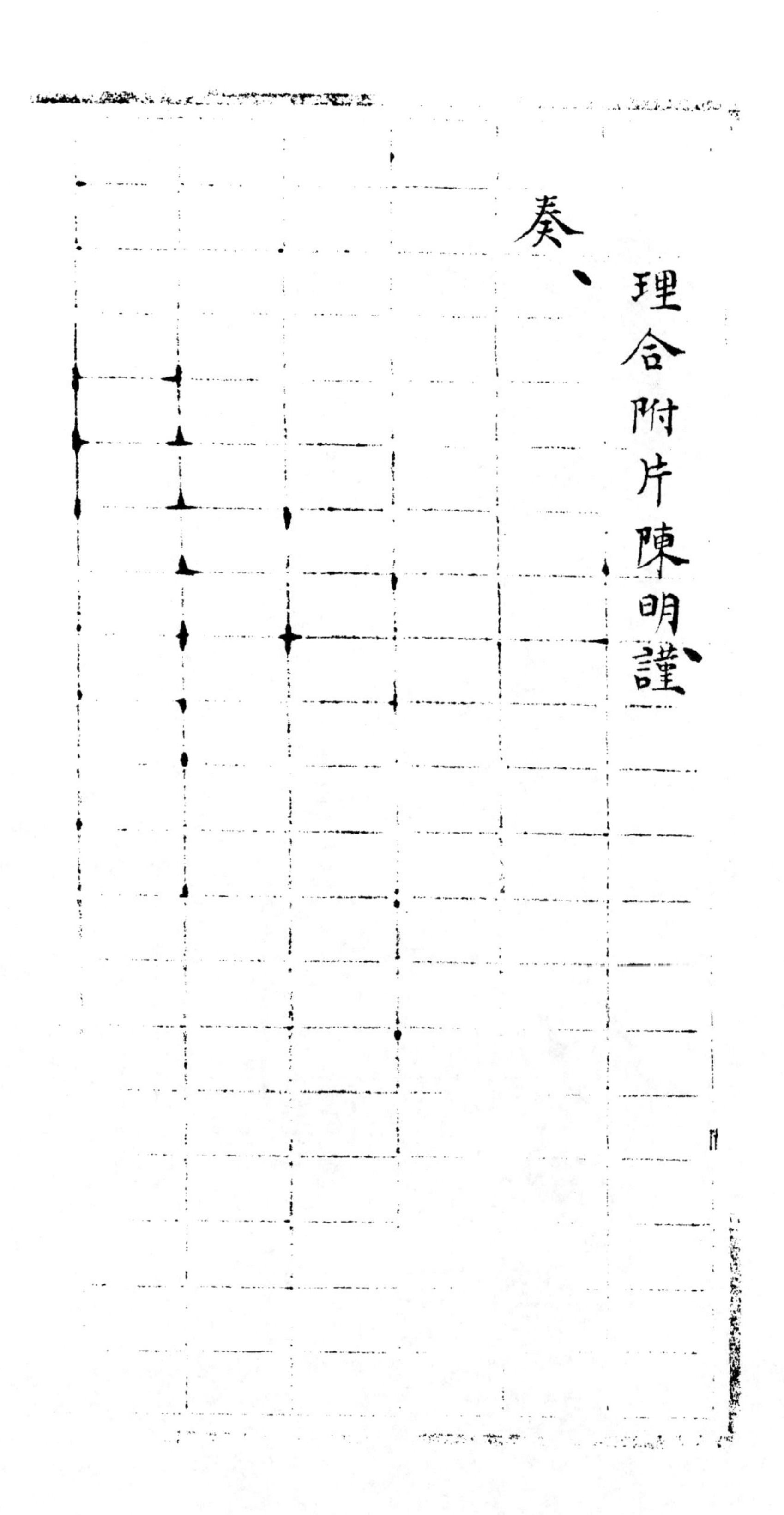

理合附片陳明謹

奏、

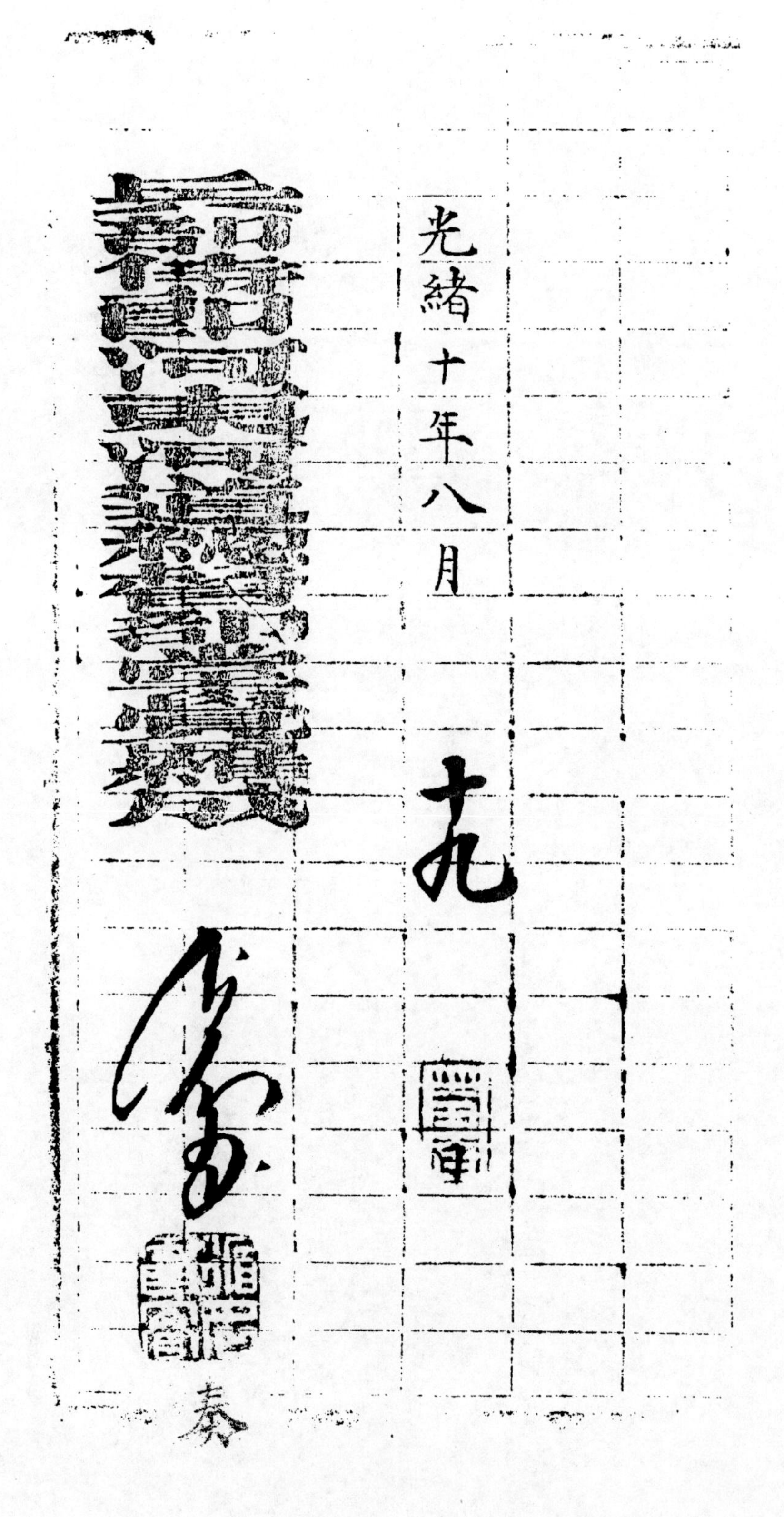

光緒十年八月十九

奏

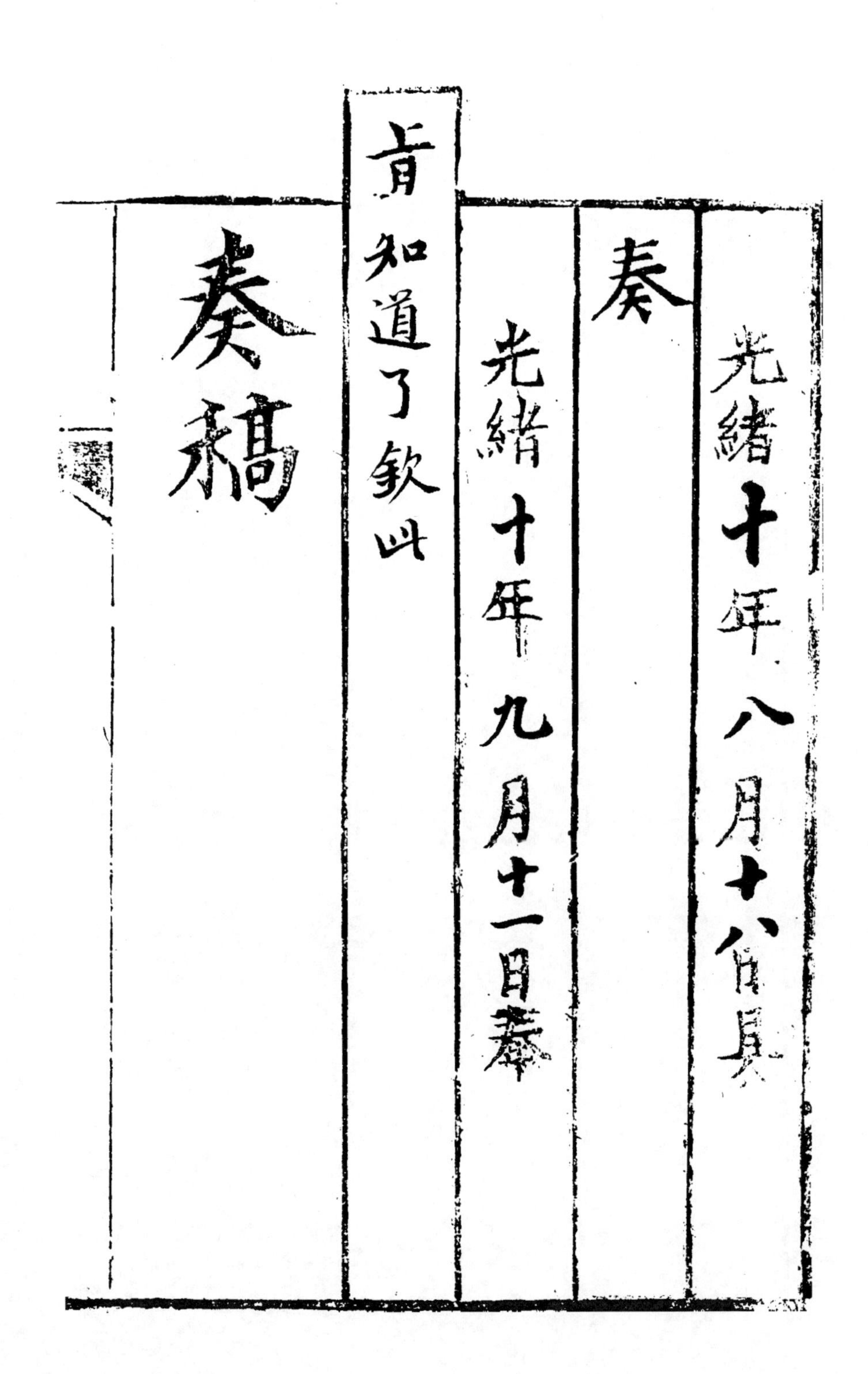
光緒十年八月十八日具
奏
光緒十年九月十一日奉
旨知道了欽此
奏稿

再本年伏秋期内河水盛涨大逾往年，叠椽运河道等禀报黄流倒灌入运，隄防单薄，河身浅窄，不能容纳，致捕河厅属之阳穀汛十里铺五里墩上，河厅属之聊城汛耿家口、葦子園、邱家海皮、家嘴等處先後漫溢出槽，衝刷缺口多處，寬窄不一，皆因風雨昼夜，人力难施，所有被淹之區一片汪洋，水深自四五尺至一丈三四尺不等。幸漫水出口後流行尚緩，民田雖有損傷，並未衝倒村庄、廬舍，亦未淹斃人口，不致流離失所。現督飭縣等先將各漫口搶築圈埝，不令四處散漫，一面赶購正雜各料，赶緊分投興堵等情，俱經隨時批飭上緊設法堵閉，並委員往

勘催令赶办在案查一線運流爲粮艘經行要
道連年疊被黄水串注兩岸隄埽閘垻衝刷殘
缺比比皆是雖經隨處擇要籌修而片段亘長
需費浩大道庫既無款可籌未能普办但河運
攸關至重若不認真修築於運道大有關係且
現准部咨有規復舊制全歸河運之議更當預

為籌計除俟霜清水落督令該道廳等詳細查
勘分別應修應濬確切撙節核估專案議奏請
外所有運河隄工衝刷漫口情形理合附片
陳明謹
奏

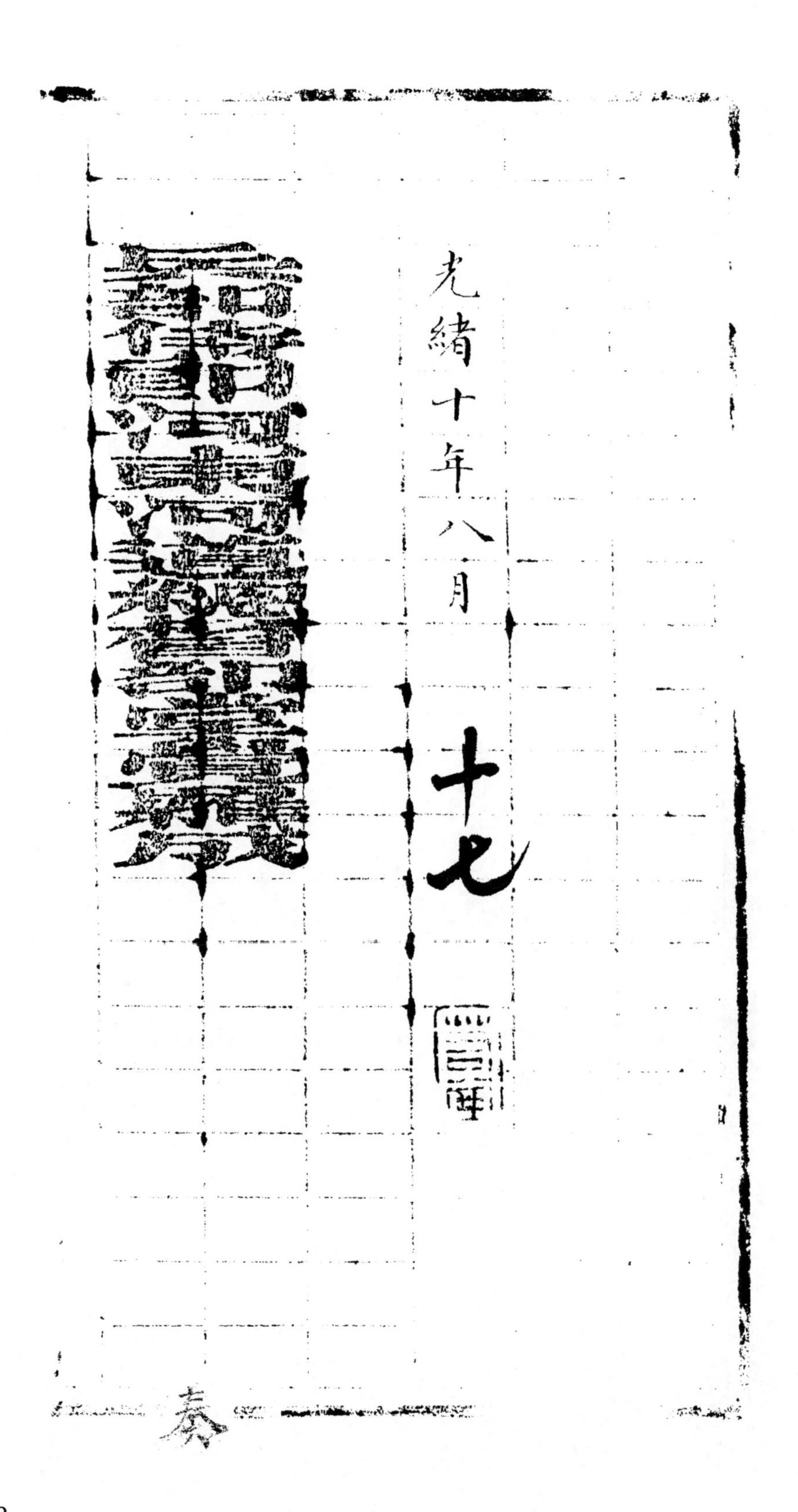
光緒十年八月十七

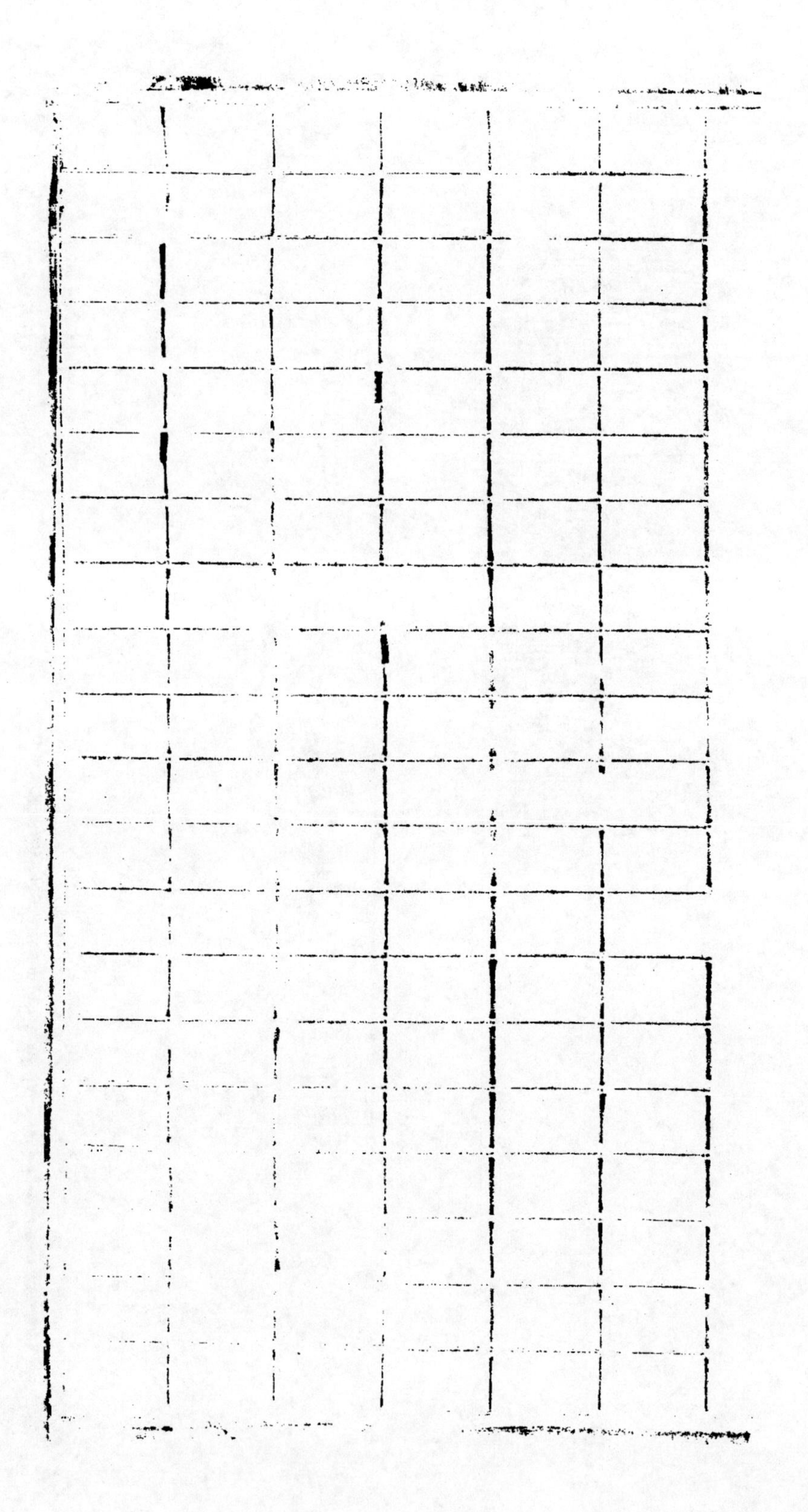

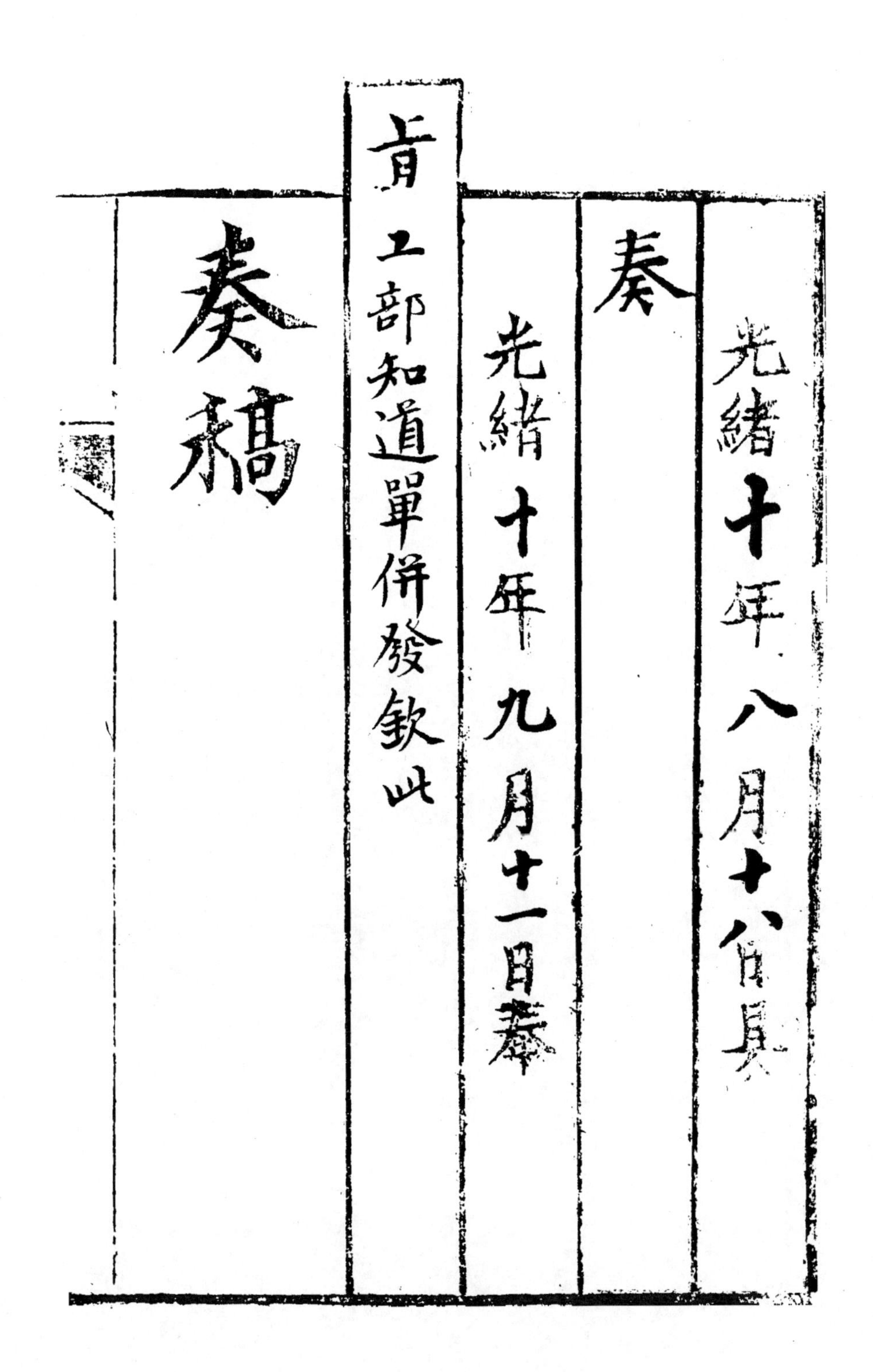

光緒十年八月十八日具
奏
光緒十年九月十一日奉
旨工部知道單併發欽此

奏稿

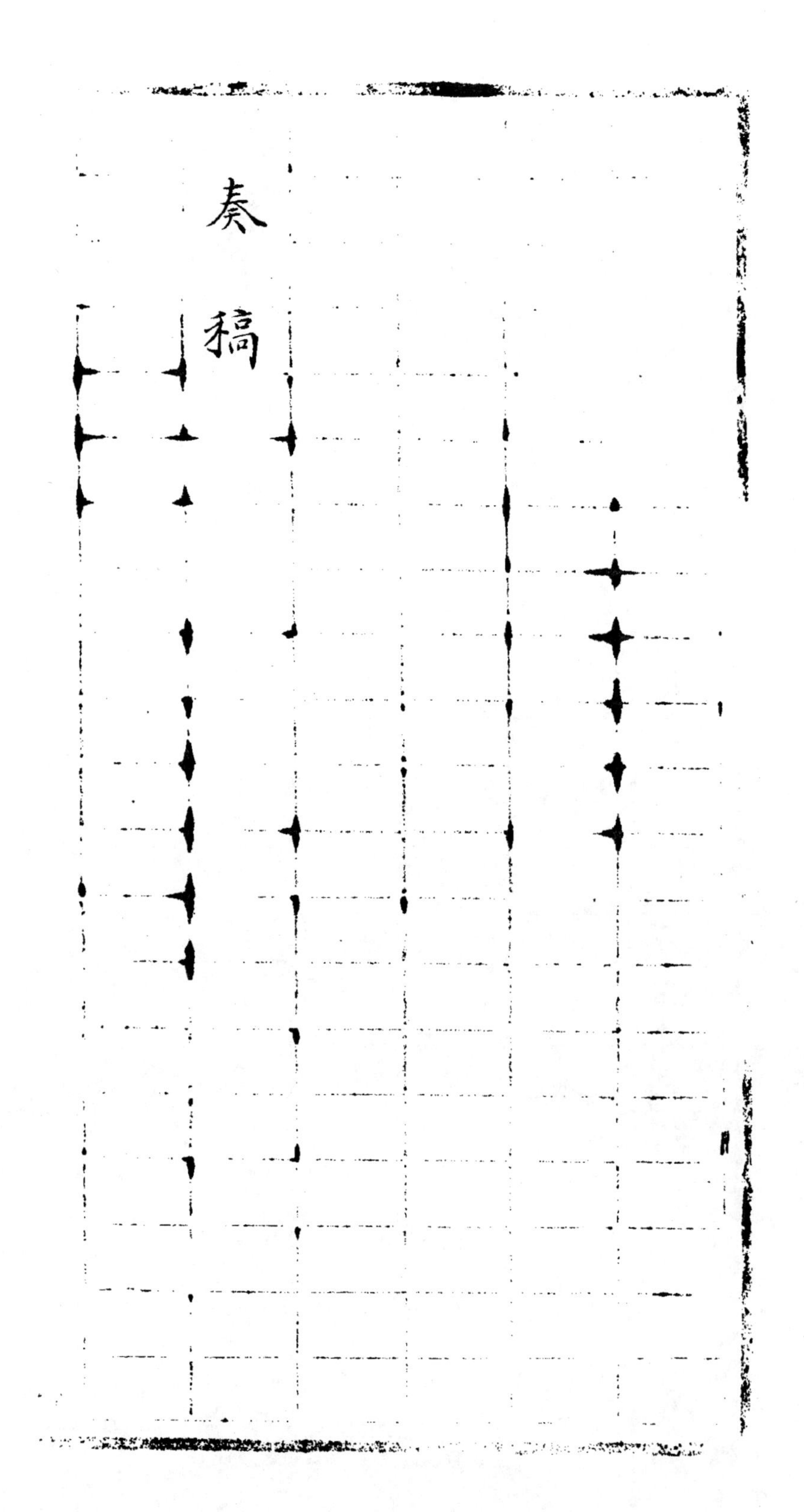
奏稿

奏為查明本年七月分各湖存水尺寸謹繕清单、

恭摺仰祈

聖鑒事、竊查嘉慶十九年六月内欽奉

上諭、湖水所収尺寸每月查開清单具奏一次等因欽

此所有本年六月分湖水尺寸業經繕单具奏

在案茲據運河道穆特布將七月分各湖存水尺寸稟報前來奴才查微山湖定誌收水在一丈四尺以内因豐工漫水灌注量驗湖底積受新淤恐不敷濟運奏准加收一尺以誌樁存水一丈五尺為度本年六月分存水一丈三尺二寸七月内消水八寸實存水一丈二尺四寸較上

年七月水小二尺六寸，此外南旺、馬場、蜀山三湖長水六寸，並二寸、五寸不等，其餘昭陽等四湖消水八寸及一寸，計昭陽湖存水四尺，南陽湖存水三尺七寸，南旺湖存水二尺六寸，獨山湖存水四尺七寸，馬場湖存水二尺一寸，蜀山湖存水五尺三寸，馬踏湖存水四尺二寸，以上各湖存水均比上年七月水小自二尺至五尺三寸不等查七月間濱運一帶得雨甚少来源較弱各湖所進之水有畧報增長並有稍見消耗者時當秋汛惟冀甘霖叠沛山泉暢旺奴才仍當督令司湖廳汛閘負等照常認真收蓄備濟漕行不任涓滴旁洩以仰副

皇

聖主慎重湖瀦之至意所有七月分各湖存水尺寸、

謹繕清单恭摺具陳伏乞

皇太后

皇上聖鑒謹

奏、

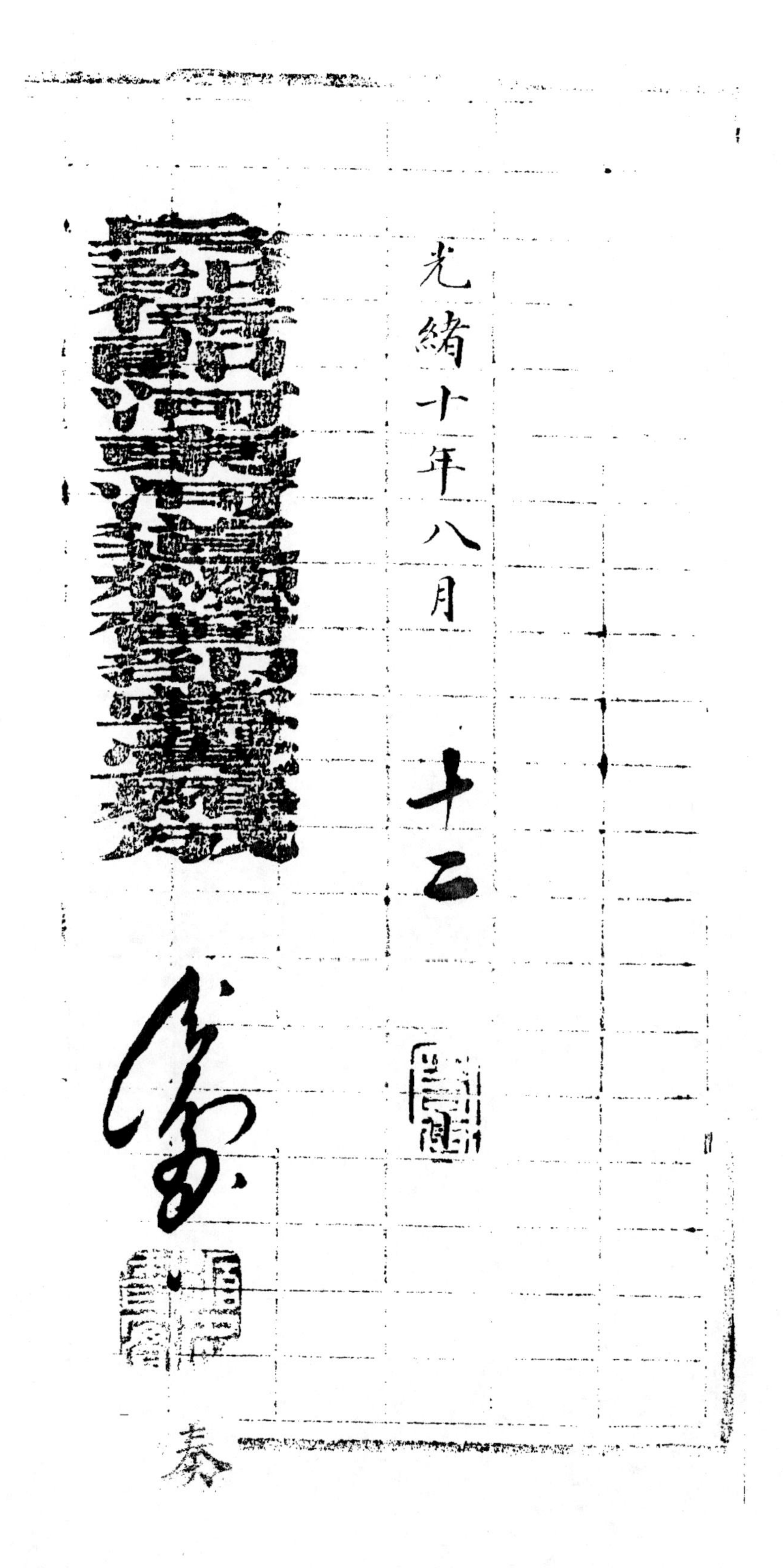
光緒十年八月 十二
奏

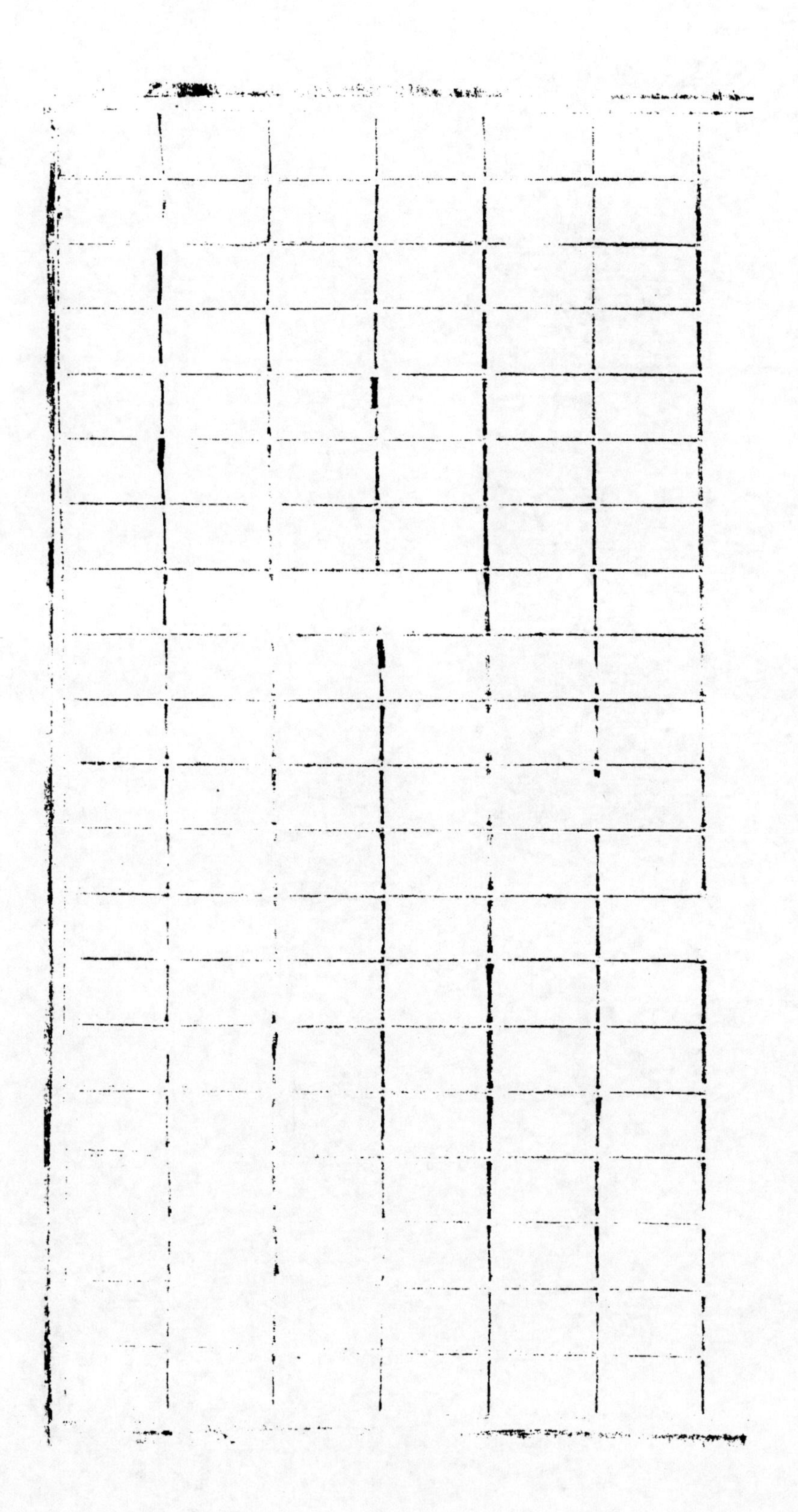

謹將光緒十年七月分各湖存水實在尺寸逐
一開明恭呈
御覽
運河西岸自南而北四湖水深尺寸
一微山湖以誌樁水深一丈二尺為度先因湖
底淤墊三尺不敷濟運奏明收符定誌在一

丈四尺以内，又因豐工漫水灌注，量驗湖底，復受新淤二尺七寸，奏准加収一尺以誌椿存水一丈五尺為度，本年六月分存水一丈三尺二寸，七月内消水八寸，實存水一丈二尺四寸，較上年七月水小二尺六寸。

一、昭陽湖本年六月分存水四尺八寸，七月内

消水八寸實存水四尺較上年七月水小四
尺五寸
一南陽湖本年六月分存水四尺五寸七月内
消水八寸實存水三尺七寸較上年七月水
小四尺五寸
一南旺湖本年六月分存水二尺七七月内長水

六寸、實存水二尺六寸、較上年七月水小五尺、

運河東岸、自南而北四湖水深尺寸、

一獨山湖本年六月分存水五尺五寸、七月内消水八寸、實存水四尺七寸、較上年七月水小四尺五寸、

一馬場湖、本年六月分、存水一尺九寸七月内長水二寸實存水二尺一寸較上年七月水小五尺一寸。

一蜀山湖定誌收水一丈一尺為度、本年六月分存水四尺八寸七月内長水五寸實存水五尺三寸較上年七月水小五尺三寸。

一馬踏湖本年六月分存水四尺三寸，七月内消水一寸，實存水四尺二寸，較上年七月水小二尺。

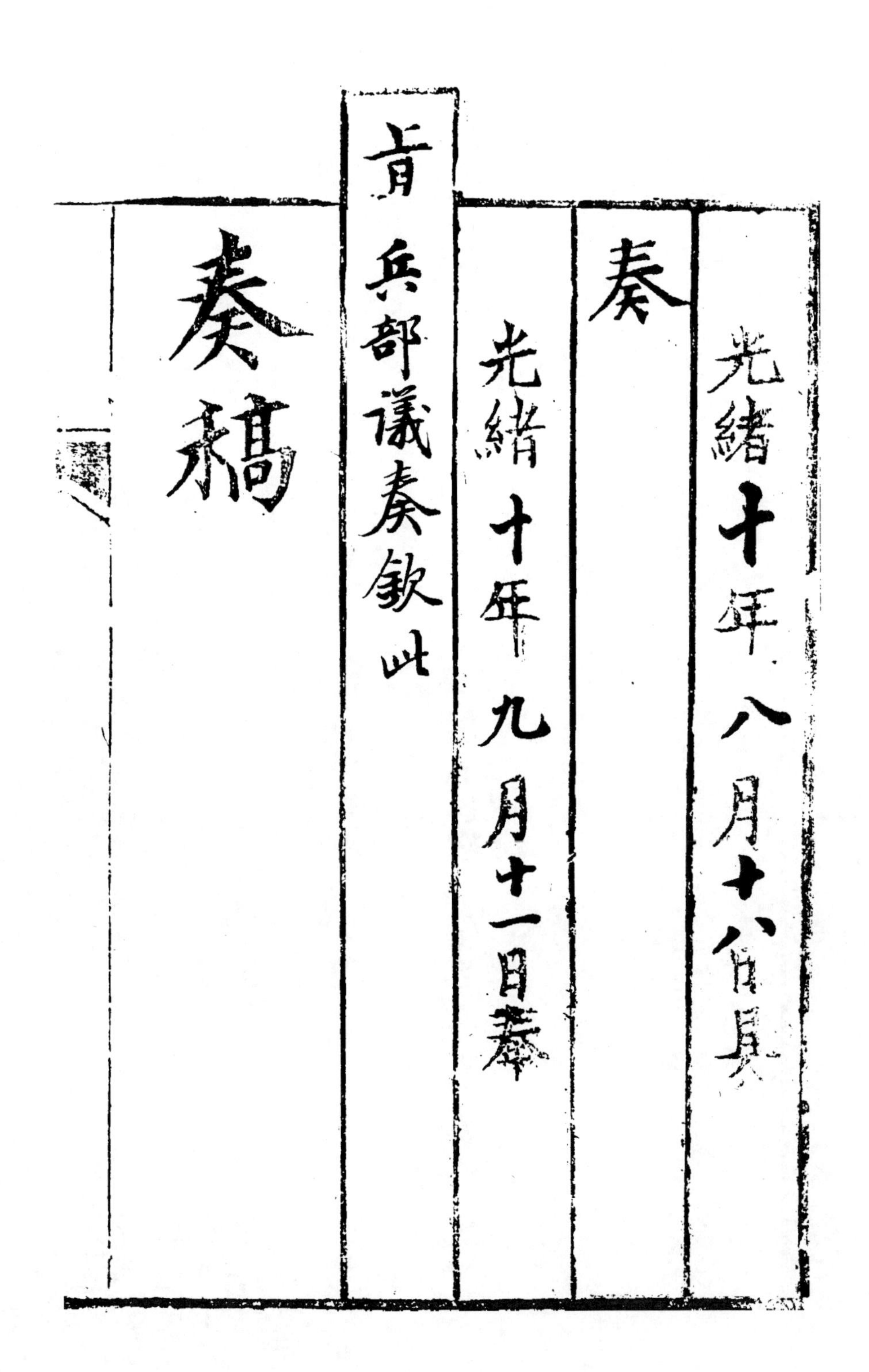

光緒十年八月十八日具

奏

光緒十年九月十一日奉

旨兵部議奏欽此

奏稿

奏稿

奏為遊員丼署河標遊擊都司員缺以裨河漕而

重營伍恭摺仰祈

聖鑒事竊河標右營遊擊卓普霖因病出缺日期業

經另疏

題報在案所遺遊擊員缺職司訓練營伍催儹漕

船諸關緊要非明白諳練熟悉情形之員難期

勝任於所屬標營都司內逐加遴選查中營

都司張士翰年四十二歲山東濟甯州人由行

伍投効豫軍歷次打仗出力奏保游升今職該

員曉暢營務勇敢有為現委署右營遊擊於練

兵彈壓諸務悉能料理裕如以之升署右營遊

擊、可期勝任、所遺中營都司員缺、亦有操演巡
防、儹挽漕運之責、查右營守備王永安、年四十
六歲、山東鄒縣人、由行伍歷保、遊升守備、光緒
三年霜降安瀾案內、奏保俟補守備後、以都司
儘先補用、奉部覆准在案、該員年力富強、勇於
任事、平日馭兵有法、緝捕認真、以之升署中營

都司洵堪勝任，惟張士翰籍隸本州，王永安距

籍在五百里以内，與例俱稍有未符。查例載如

有員缺緊要人地實在相需，例得詳細聲明專

摺奏請，令以該員等奏請升署，係為人地實在

相需起見，合無仰懇

天恩俯念員缺緊要，准以都司張士翰升署右營遊

撃、守備王永安并署中營都司、實於河漕地方、均有裨益、仍一面咨商東撫於撫鎮各標現任遊撃都司内、查有明白河漕人員揀選對調、以符定制、為此恭摺具陳、伏乞

皇太后

皇上聖鑒、謹

奏、

光緒十年八月

十七

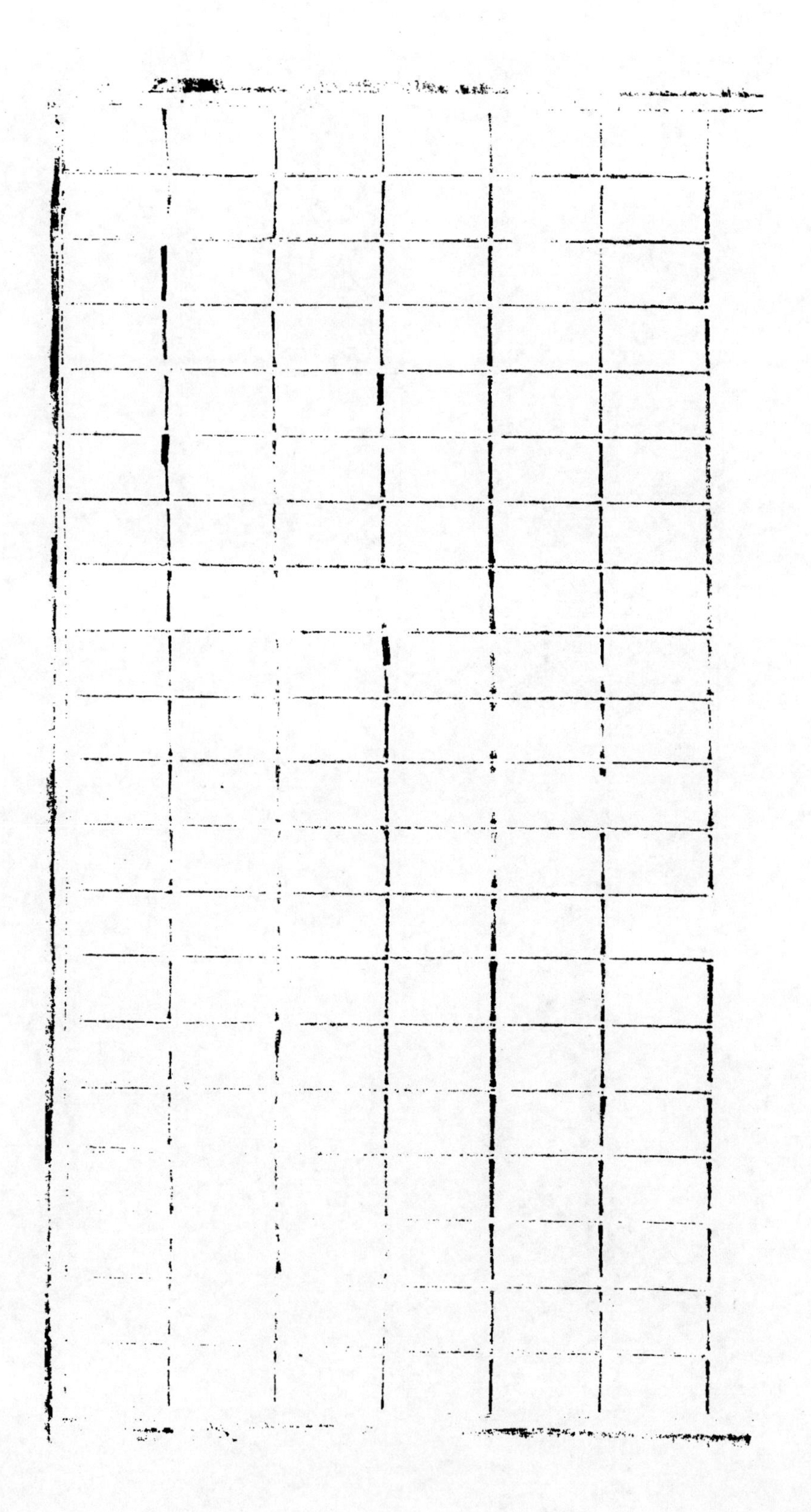

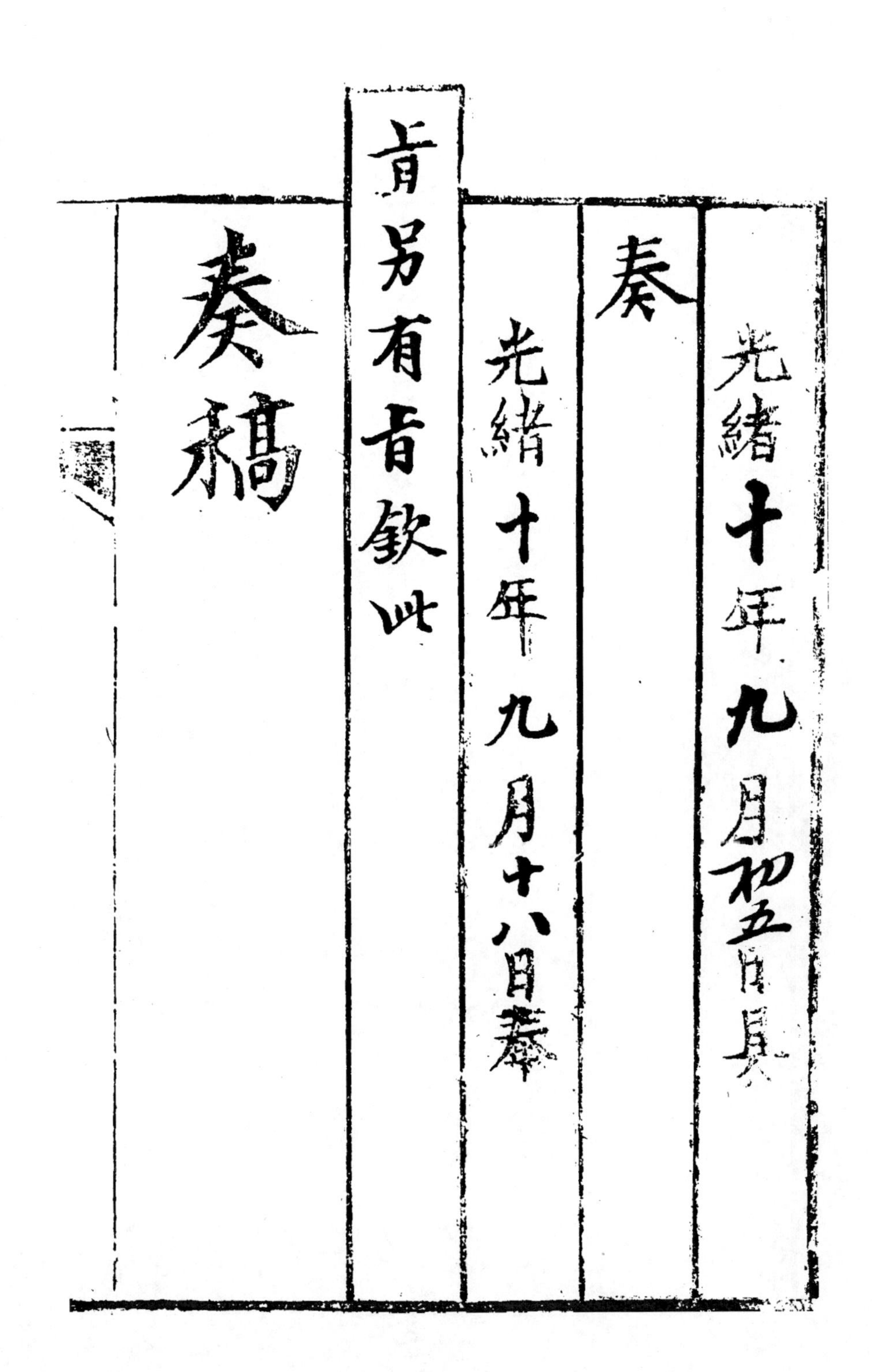

光緒十年九月初五日具

奏

光緒十年九月十八日奉

旨另有旨欽此

奏稿

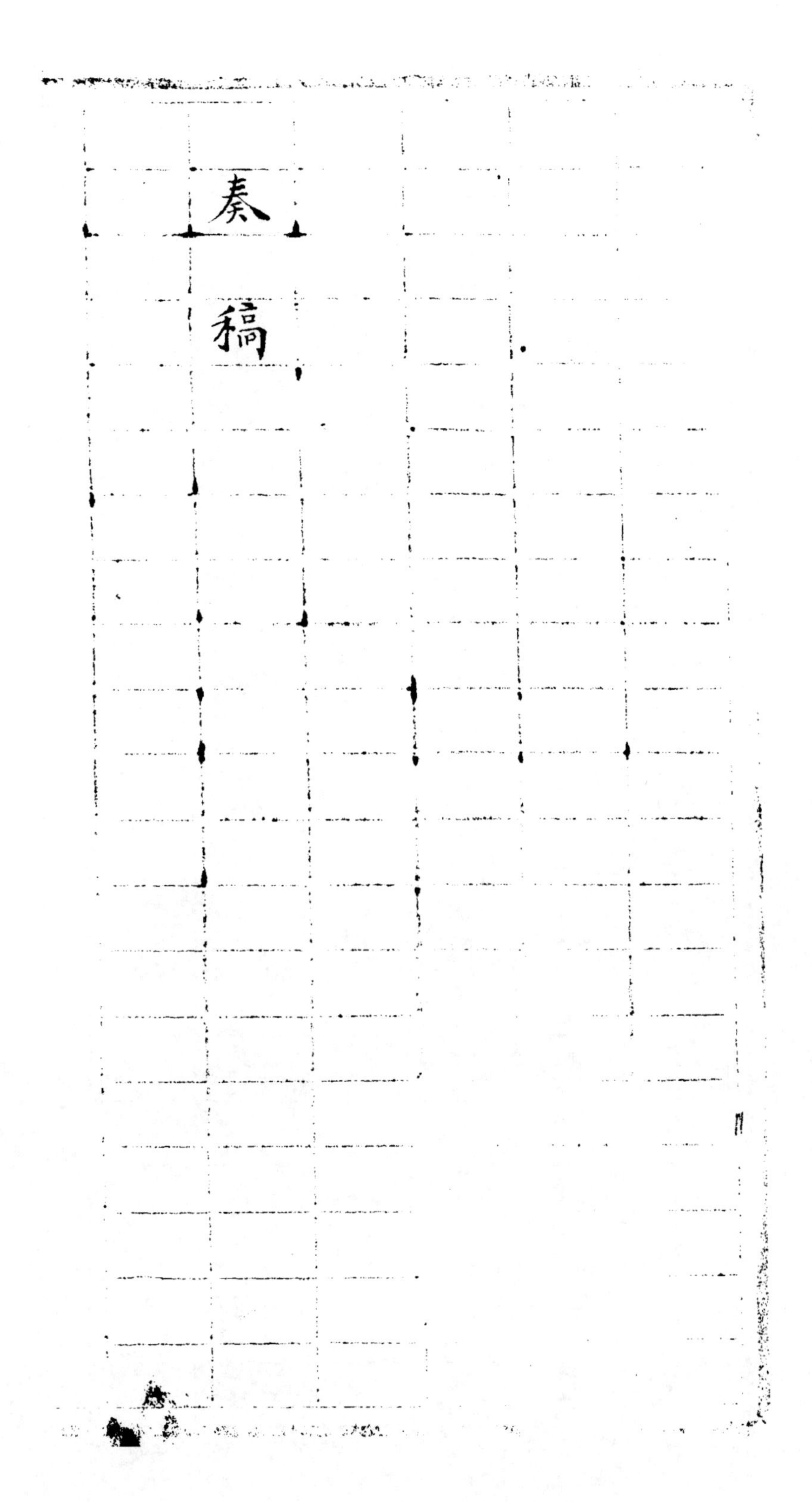

奏稿

奏為節交霜降、黃河兩岸工程、一律防護平穩、循

例由驛馳報安瀾、恭摺仰慰

聖懷事。竊照本年伏秋期內，沁、黃兩河水勢、節次異

漲、大而且驟、南北各廳除工疊出、俱經隨時具

奏在案。迨節逾寒露、方期長水漸消、各工胥臻底

定。乃来源仍旺，武陟沁河復於八月二十五日
卯時陡長水一尺，萬錦灘黃河於八月二十六
日子時陡長水二尺。熏之半月以来秋霖不止，
滙流入河，各廳水誌長多落少，停積不消。河溜
上提下坐，形勢時有变更，致兩岸埽壩各工復
多搜淘蟄塌，均飭該道廳等隨宜節慎廂修。現

奴才與南北兩道猶同在工，文武鼓擇要勵兵夫，不分風雨晝夜，竭力設法搶護

俱平穩、惟南岸上中兩廳、北岸下北一廳、前此出險處所至今河未外移、洵力者勤、應廂應護之段仍在添儲料物、隨蟄跟加工作、遽難停輟、查本年伏秋兩汛水大、工險甚於往年、額款錢糧不敷支發、蒙感

聖主垂念河防緊要、

恩准續添銀兩並賴臣與臣藩司同心協力隨時撥款接濟俾料土夫工逐一先期寛備用能撤

手搶護埽道廳等亦俱不避艱危相機籌辦用能得化險為平茲已節屆霜清安瀾普

慶斯皆仰賴

聖德懷柔

神靈護佑當率屬恭詣省城

河神廟虔潔祀謝通工官弁兵民莫不歡欣鼓舞

感頌同聲、惟長水尚未暢消、修守仍關緊要、除

嚴飭各廳營照常駐工實力防守、不任稍涉疏

懈、並將本年動用錢粮核減勾稽、另容分晰陳

奏外、所有節交霜降黄河兩岸工程防護安瀾緣

由、理合會同河南撫臣鹿

泰摺循例由驛

馳陳、伏乞

皇

太后

皇上聖鑒再本年在工防汛出力文武各員弁遵照

定章先行擇尤存記如來歲巡防始終奮勉再

行彙案奏懇

恩施以示激勸合併聲明謹

奏

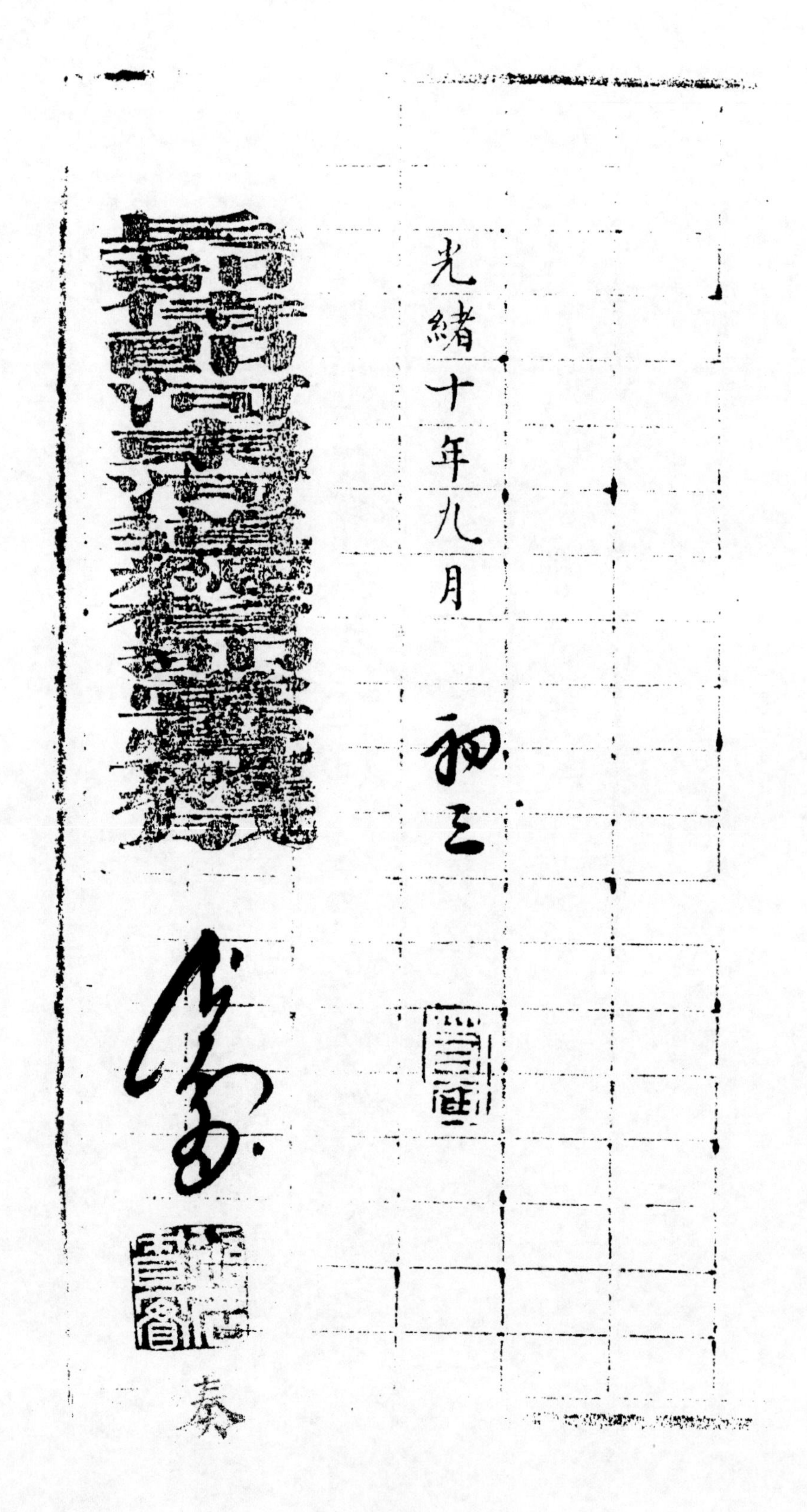

光緒十年九月初三

奏

光緒十年九月十一日內閣奉

上諭成孚奏節交霜降黃河兩岸工程防護平穩一

摺本年沁黃兩河水勢漲發險工疊出經成孚督

率在工人員設法搶護現已節交霜降各工一律

平穩普慶安瀾覽奏實深寅感著發去大藏香十

枝交成孚虔詣

河神廟恭代祀謝用答

神庥現在長水尚未全消修守仍關緊要該河督當嚴飭各廳營加意防護毋稍疏虞餘著照所議辦理另片奏道員督防出力懇請獎勵等語開歸陳許道陳彝著賞戴花翎河北道許振禕著賞給隨帶加三級以示鼓勵該部知道欽此九月十一日發十八日奉到

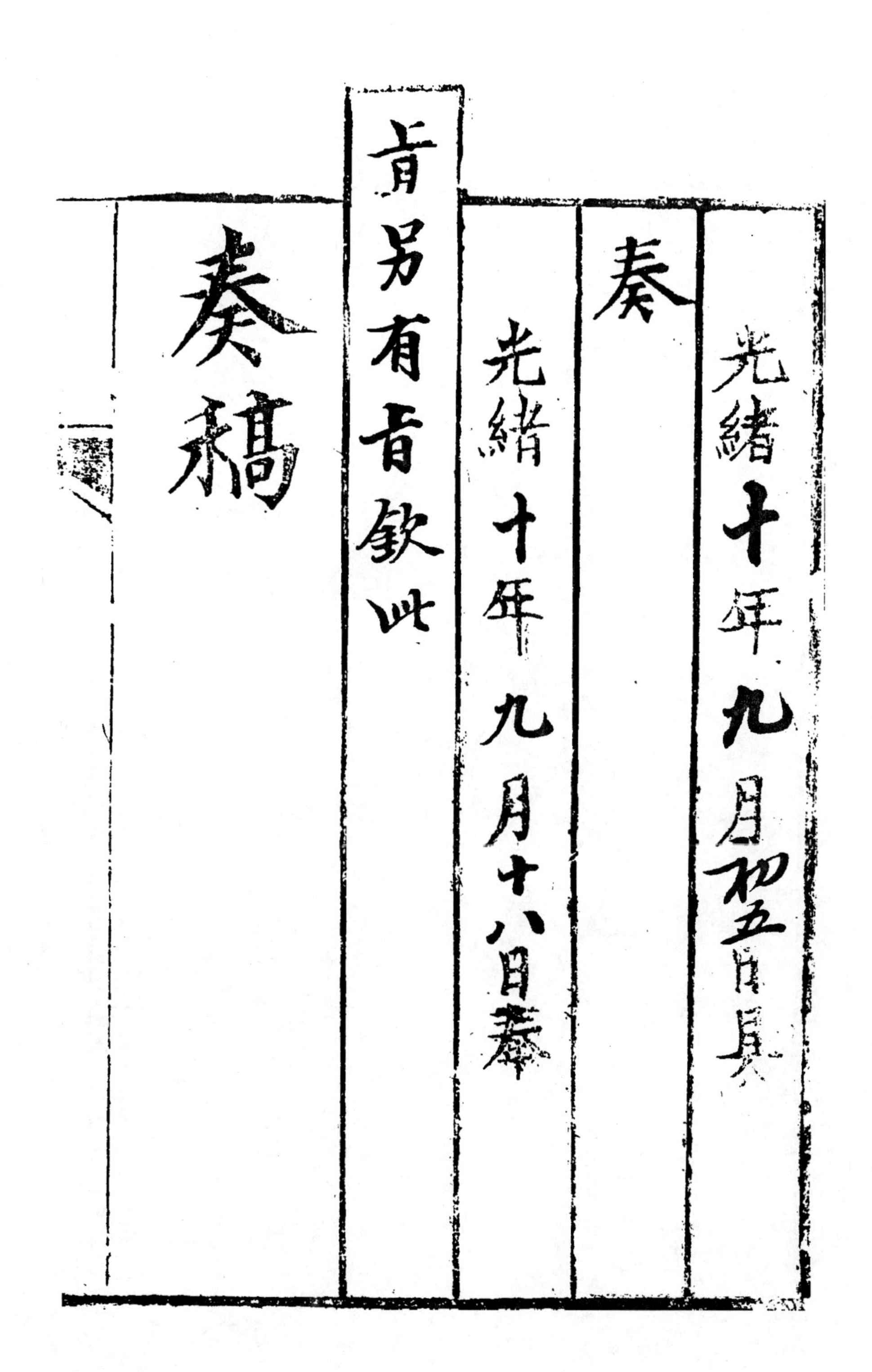
光緒十年九月初五日具

奏

光緒十年九月十八日奉

旨另有旨欽此

奏稿

再本年伏秋汛內水勢節次異漲險工疊出屢

瀕於危而南岸情形尤為喫緊查開歸道陳奐

識敏才優講求修守河北道許振禕精明穩練

辦事實心當大汛工險之際駐宿河干均能不

[illegible]附[illegible]十二月二十[illegible]

避艱危晝夜分督搶護[illegible][illegible][illegible][illegible]倍著辛勤茲

已節屆霜清安瀾普慶合無仰懇

天恩、俯准將開歸道陳奐、
賞戴花翎、河北道許振禕、請
賞給隨帶加三級、
旨交部從優議敘、以示激勸、出自
逾格鴻慈、是否有當理合附片陳明、謹
奏、

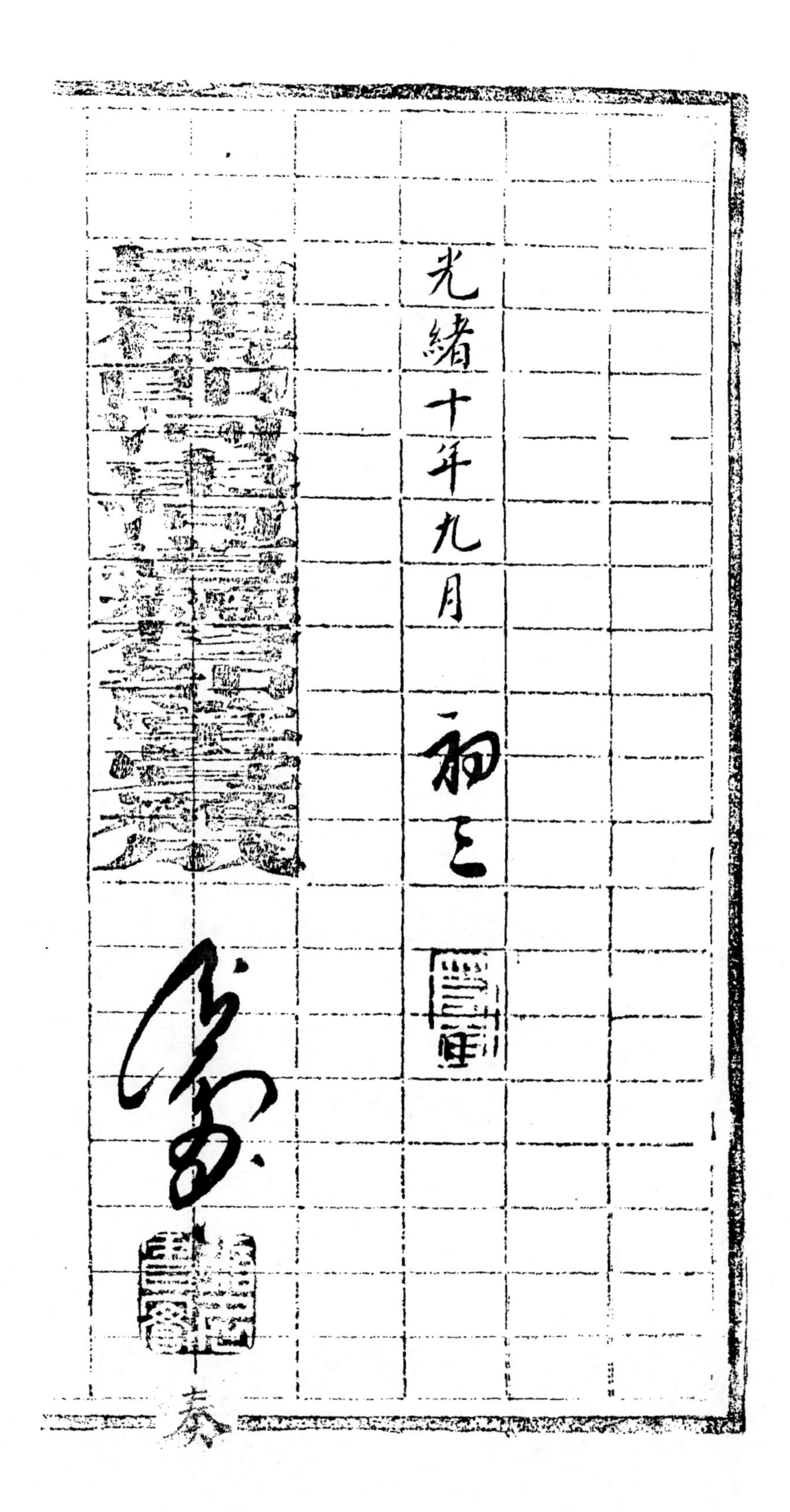
光緒十年九月　初三

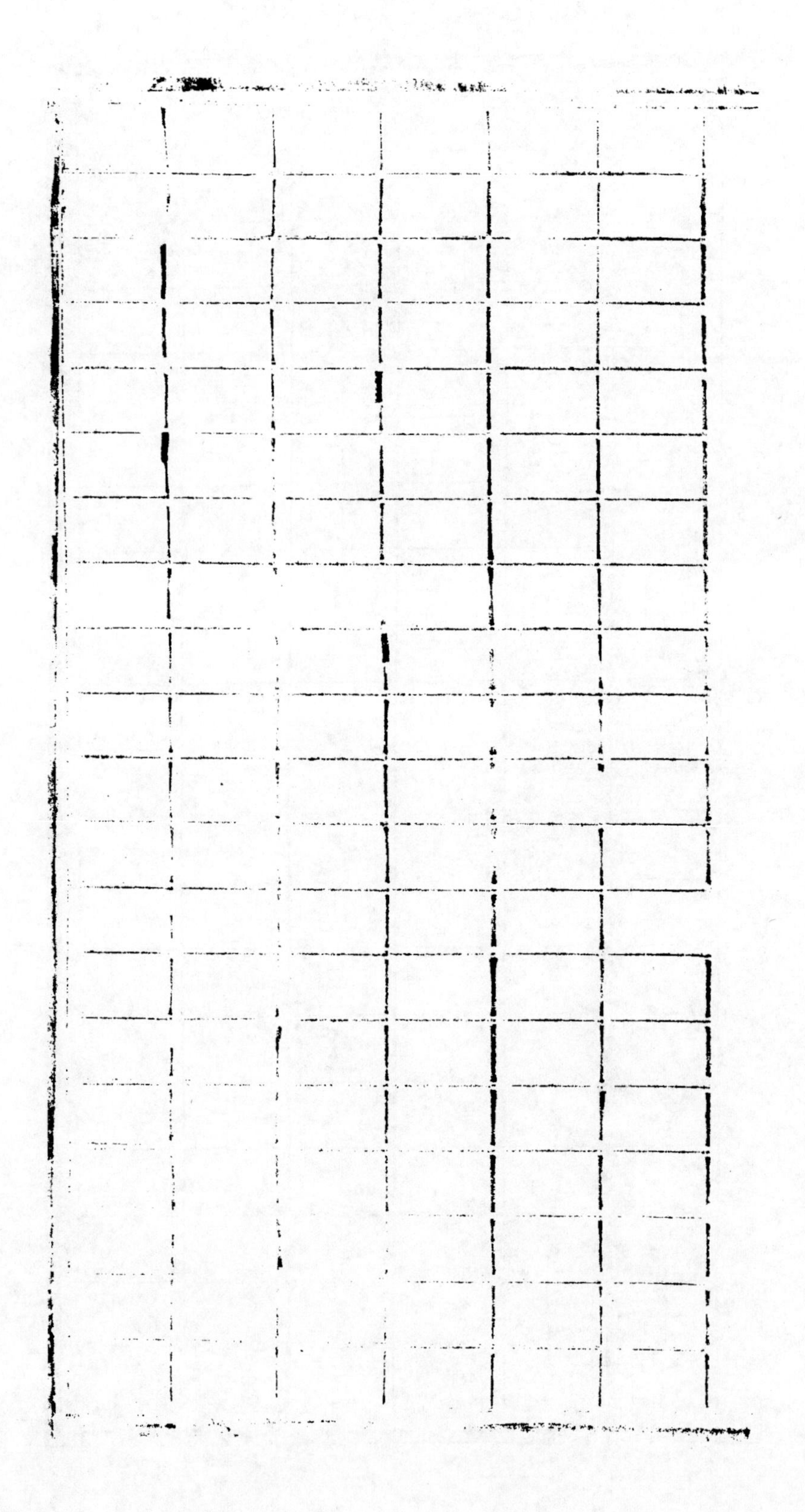

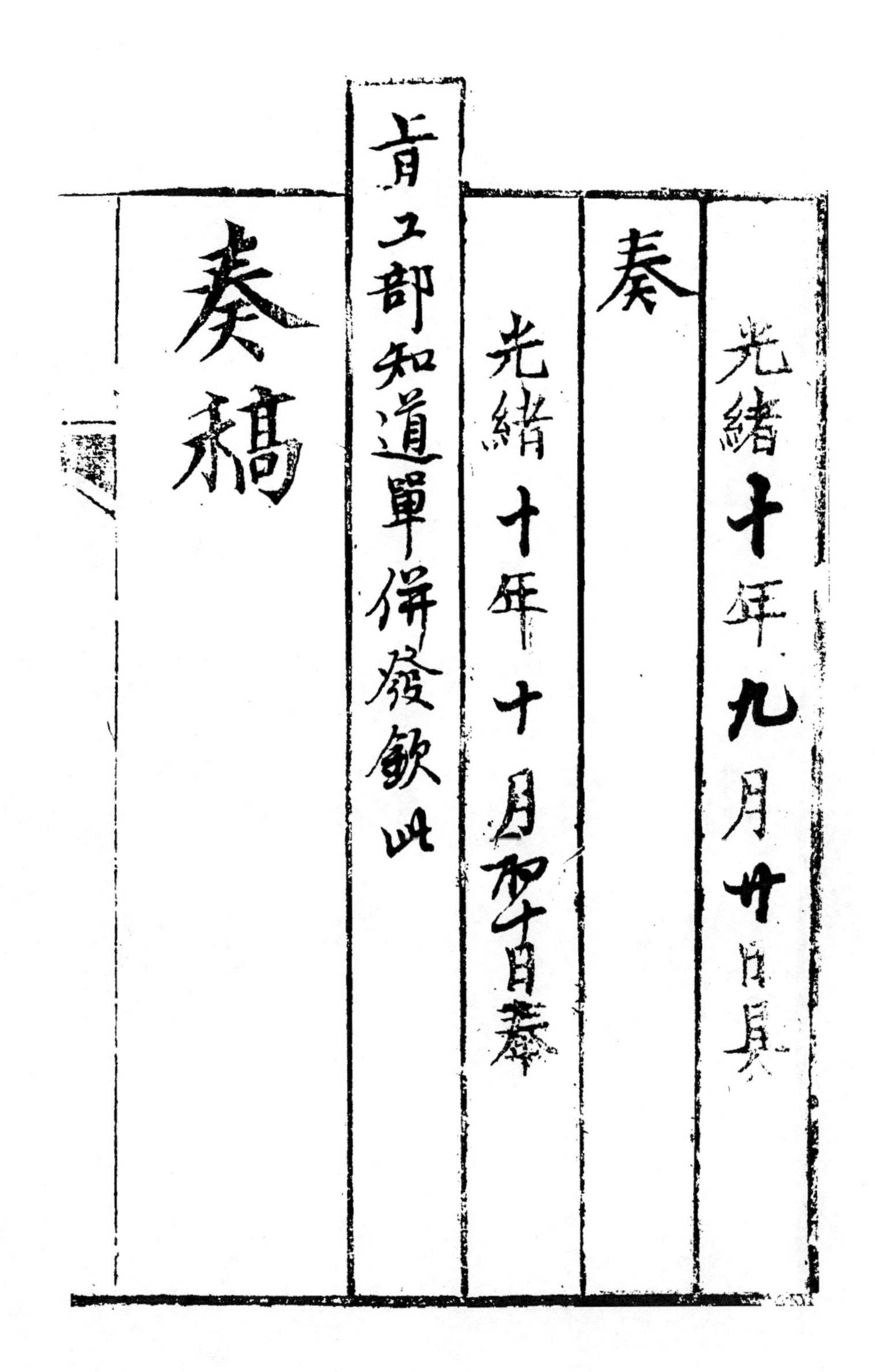

光緒十年九月廿　日具

奏

光緒十年十月初十日奉

旨工部知道單併發欽此

奏稿

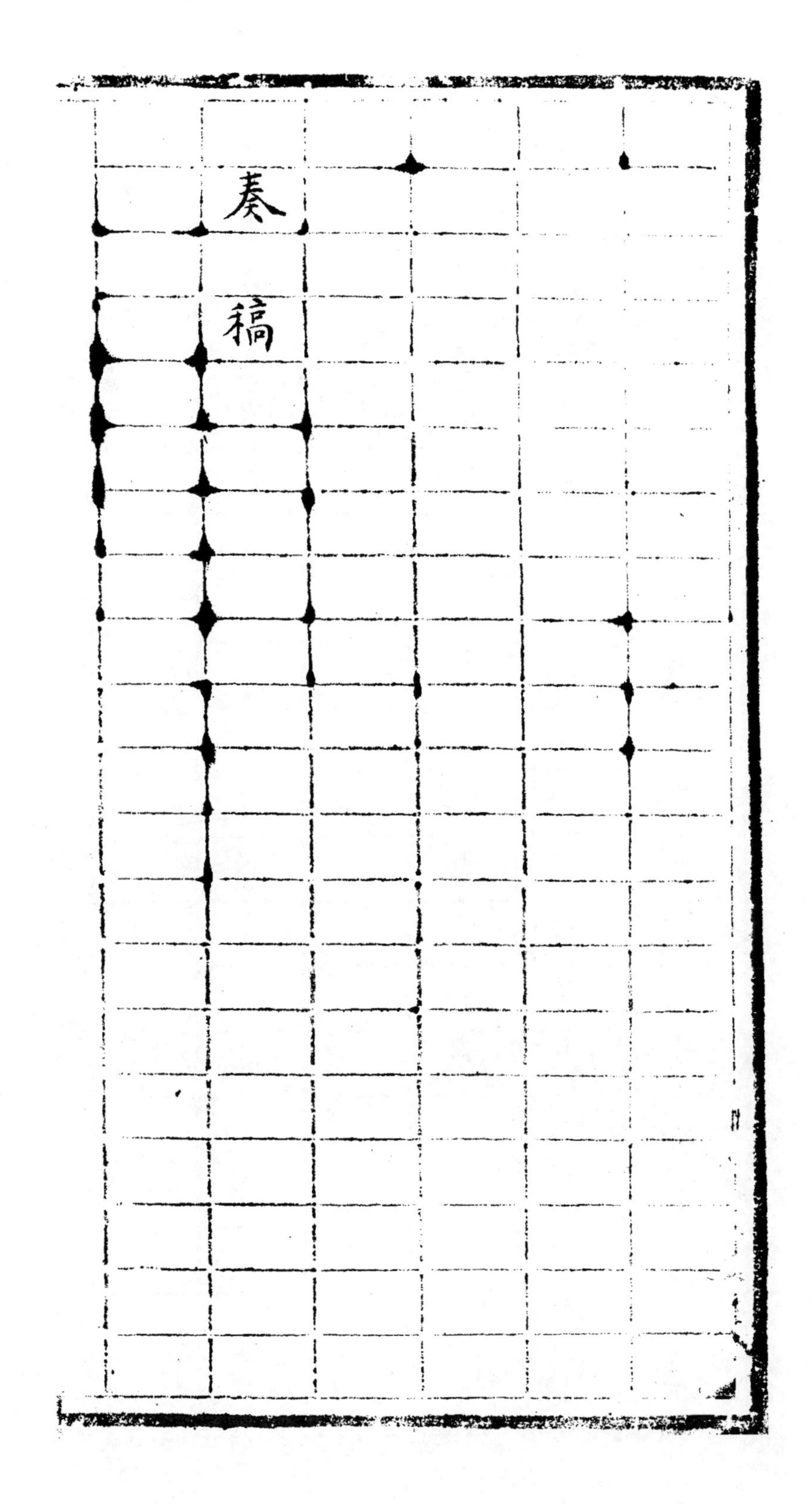
奏稿

奏為查明本年八月分各湖存水尺寸謹繕清単
恭摺仰祈
聖鑒事案查嘉慶十九年六月内欽奉
諭湖水所収尺寸每月查開清単具奏一次等因欽
此所有本年七月分湖水尺寸業經繕単具奏
上

在案。蘇撫運河道穆特布將八月分各湖存水尺寸稟報前來。奴才查微山湖定誌收水在一丈四尺以內，因豐漫水灌注，量驗湖底積受新淤，恐不敷濟運，奏准加收一尺，以誌樁存水一丈五尺為度。本年七月分存水一丈二尺四寸，八月內消水四寸，實存水一丈二尺，較上年八月、水小八尺、此外馬踏一湖、長水四寸、南旺蜀山二湖水無消長、其餘昭陽等四湖消水四寸、及二寸、計昭陽湖存水三尺六寸、南陽湖存水三尺三寸、南旺湖存水二尺六寸、獨山湖存水四尺三寸、馬場湖存水一尺九寸、蜀山湖存水五尺三寸、馬踏湖存水四尺六寸、以上各湖存水、

均比上年八月、水小自二尺五寸、至八尺一寸

不等、查八月間、濱運一帶、得雨甚少、來源細弱、

各湖所進之水、有略報增長、並消長相敵、及稍

見消耗者、時届立冬、泉源漸緩、奴才仍當督令司

湖廳汛閘員等、堵閉出水单閘、關蓄湖瀦、並疏

濬進水引渠、免致梗阻、以仰副

聖主慎重漕運之至意所有八月分各湖存水尺寸、
謹繕清单恭摺具陳伏乞
皇太后
皇上聖鑒謹
奏、

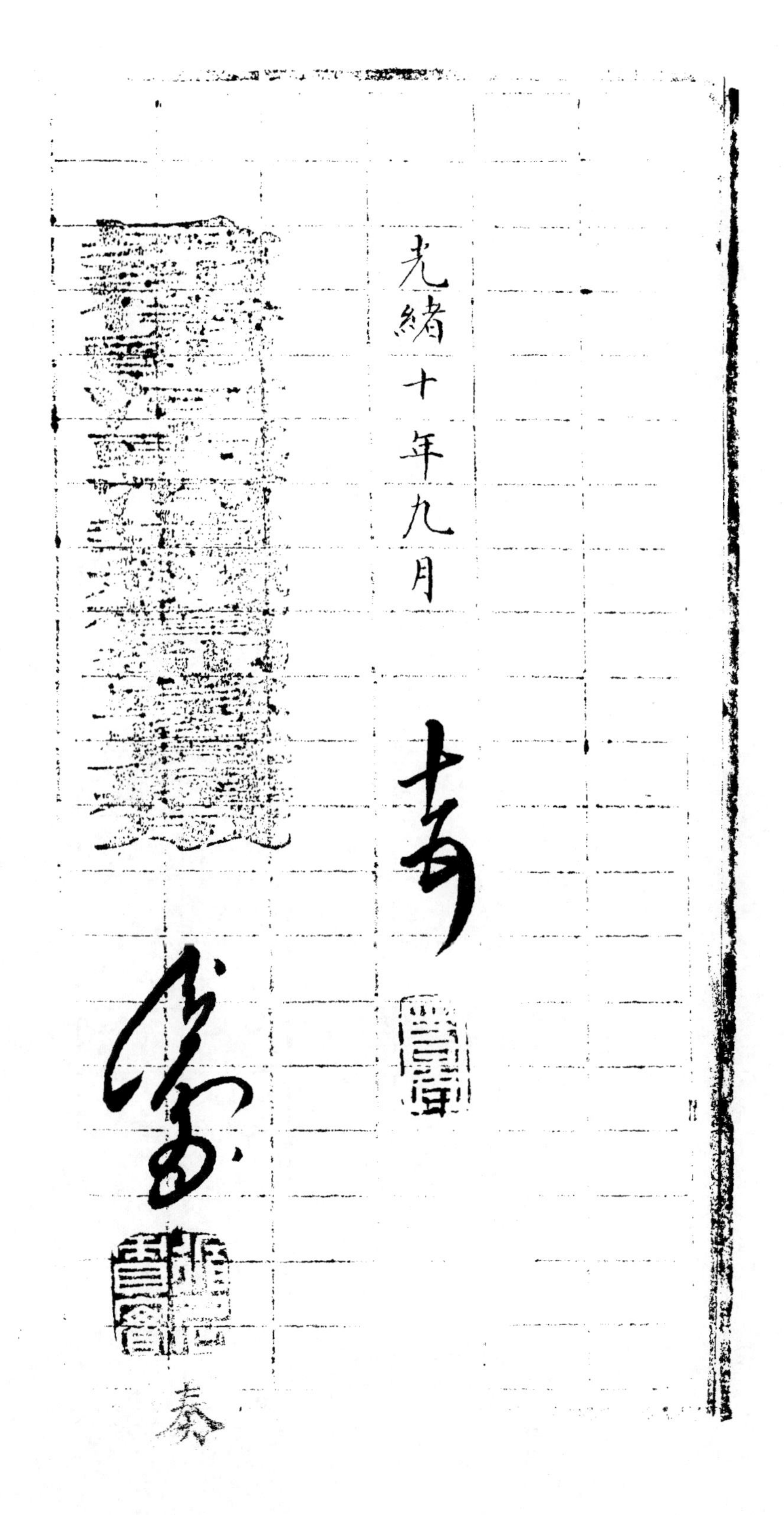
光緒十年九月

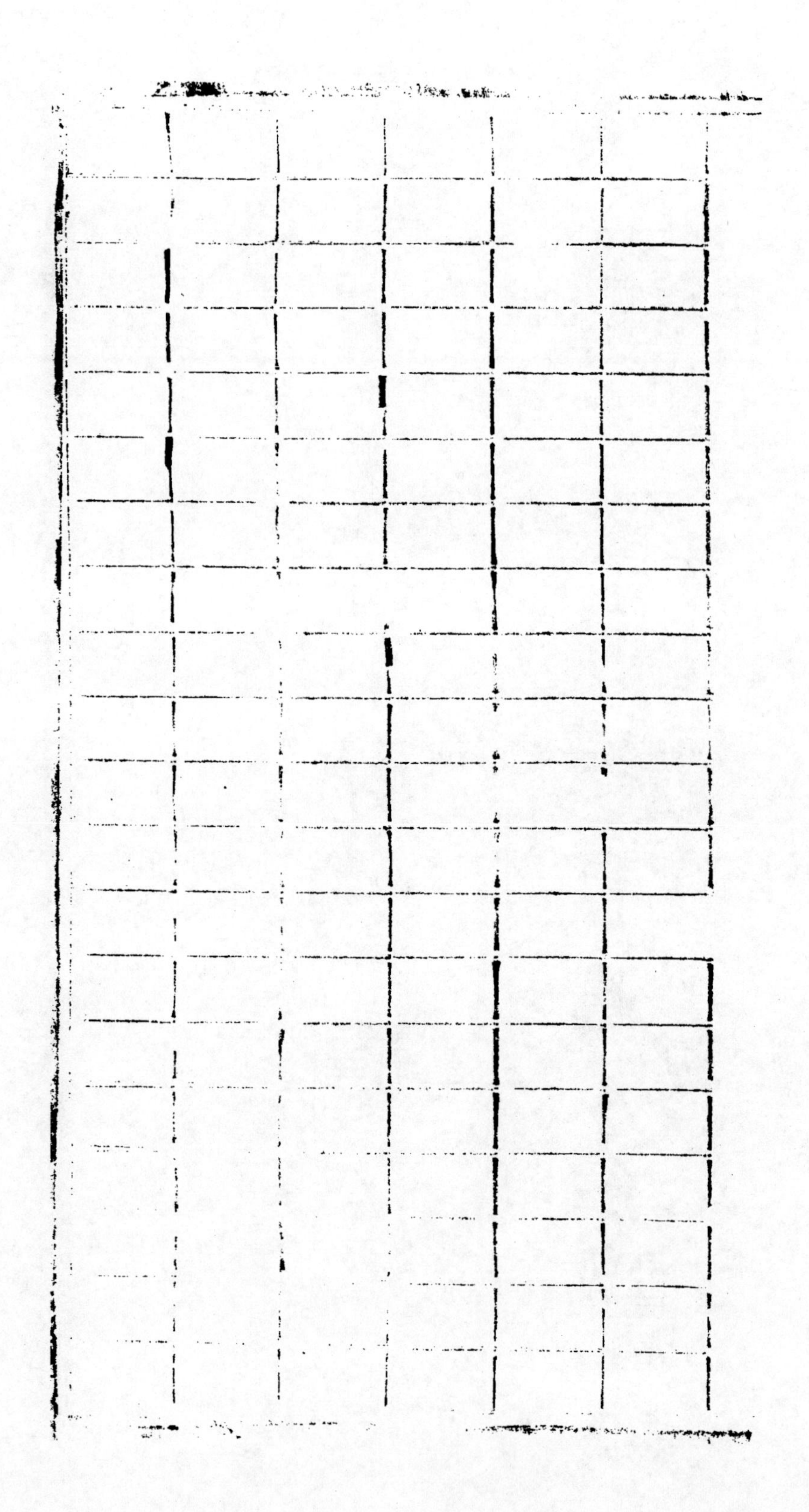

謹將光緒十年八月分各湖存水實在尺寸逐

一開明恭呈

御覽

運河西岸自南而北四湖水深尺寸

一微山湖以誌樁水深一丈二尺爲度先因湖

底淤墊三尺不敷濟運奏明収符定誌在一

丈四尺以內、又因豐工漫水灌注、量驗湖底復受新淤二尺七寸、奏准加收一尺、以誌樁存水一丈五尺為度、本年七月分存水一丈二尺四寸、八月內消水四寸、實存水一丈二尺、較上年八月水小八尺、

一昭陽湖本年七月分存水四尺、八月內消水

四寸、實存水三尺六寸，較上年八月水小八
尺一寸。
一、南陽湖本年七月分存水三尺七寸，八月內
消水四寸，實存水三尺三寸，較上年八月水
小八尺一寸。
一、南旺湖本年七月分存水二尺六寸，八月內

水無消長，仍存水二尺六寸，較上年八月水

小四尺八寸。

運河東岸自南而北四湖水深尺寸。

一獨山湖本年七月分存水四尺七寸，八月內

消水四寸，實存水四尺三寸，較上年八月水

小八尺一寸。

一馬場湖本年七月分存水二尺一寸八月內

消水二寸實存水一尺九寸較上年八月水

小四尺五寸

一蜀山湖定誌收水一丈一尺為度本年七月

分存水五尺三寸八月內水無消長仍存水

五尺三寸較上年八月水小四尺五寸

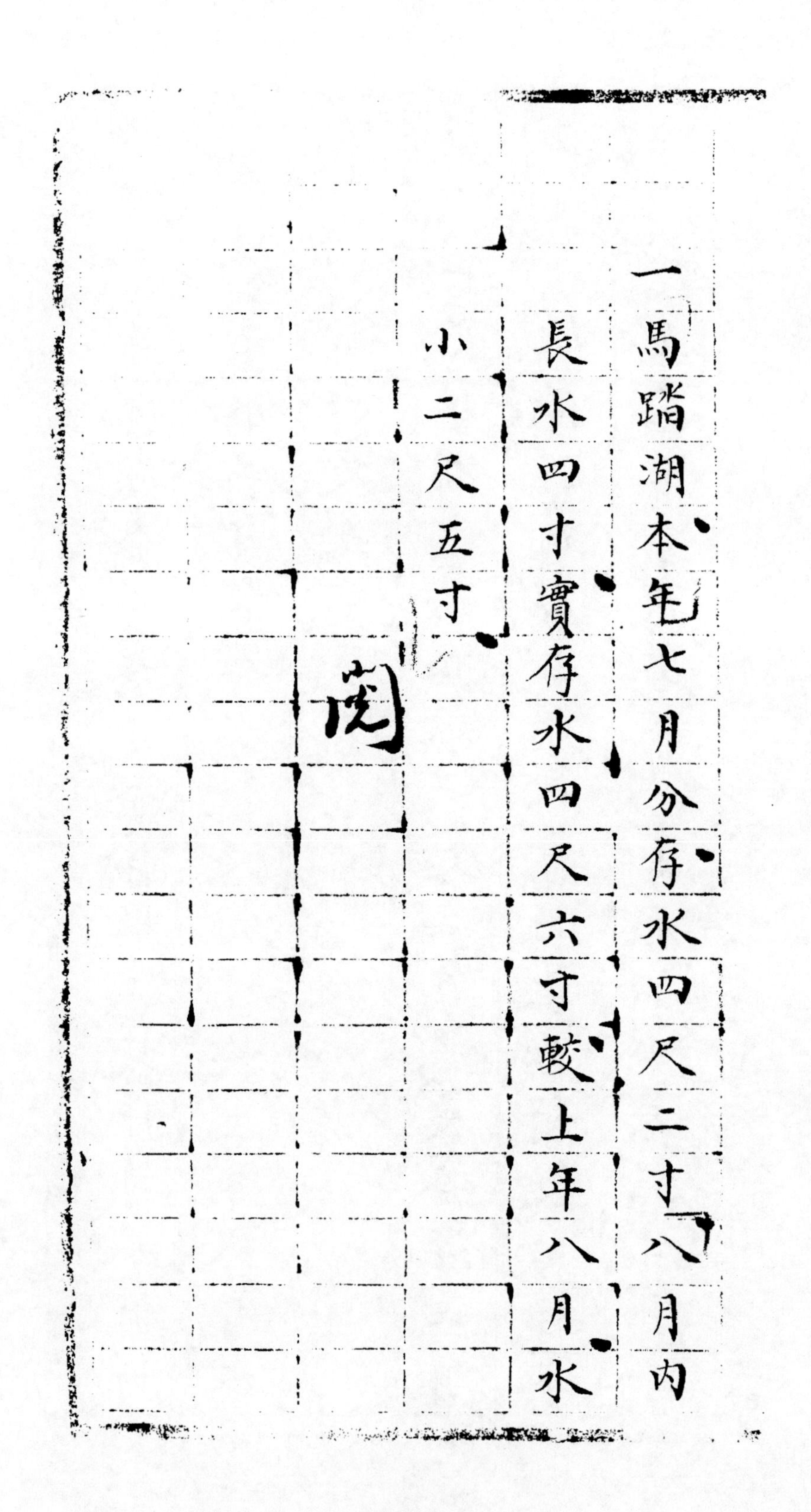

一馬踏湖本年七月分存水四尺二寸八月内
長水四寸實存水四尺六寸較上年八月水
小二尺五寸

閱

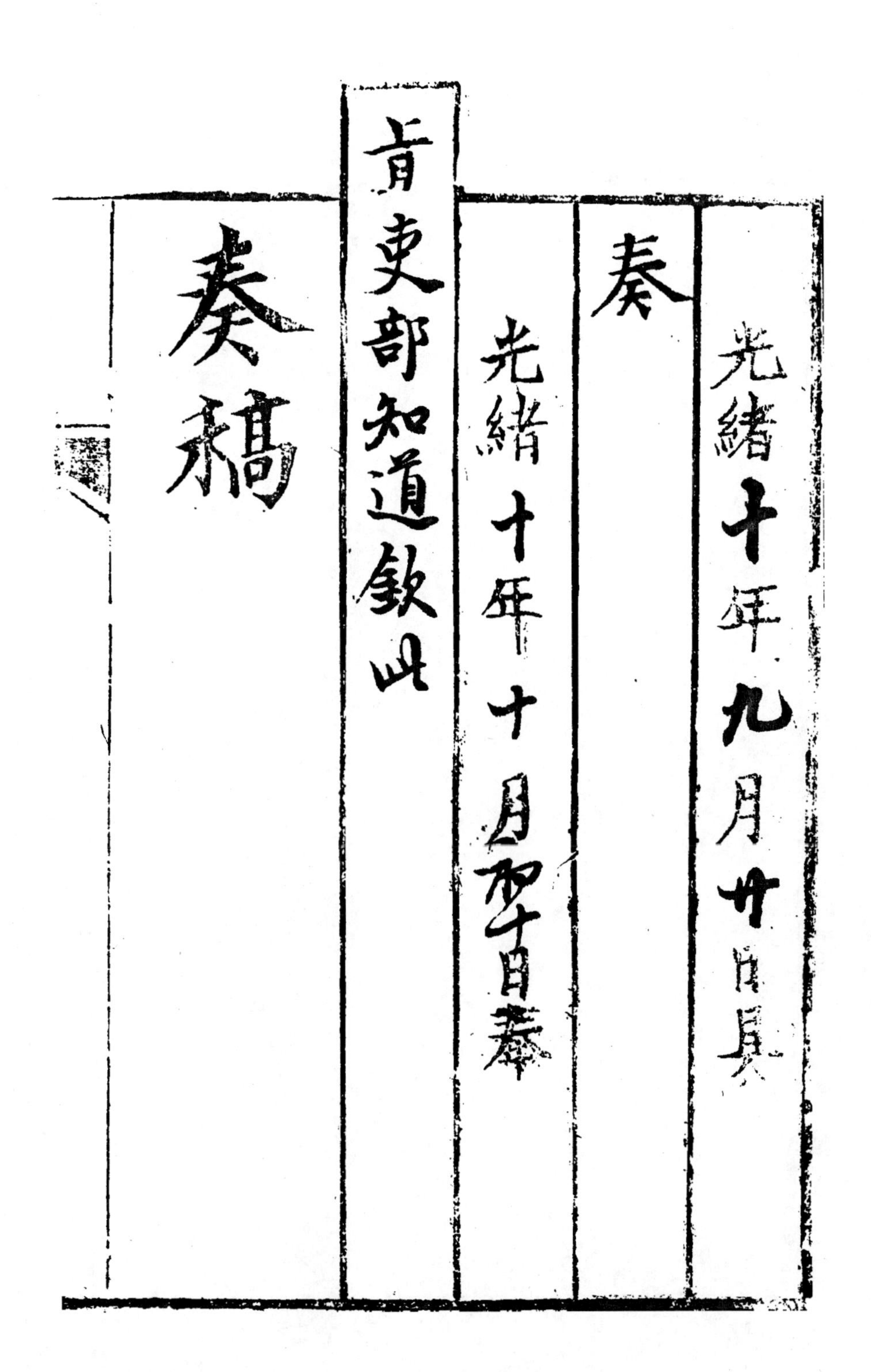

光緒十年九月廿日具

奏

光緒十年十月初十日奉

旨吏部知道欽此

奏稿

再運河道穆特布與兒女姻親前經
奏明遵例迴避茲准吏部議覆應與督粮道陸仁
愷互相對調應即飭令各赴調任以專責成現
已給咨穆特布領賫赴省聽候山東撫臣飭赴粮道
新任所遺運河道篆應先遴員委署查運河同知
沈公麟在任多年熟悉運務堪以委令護理除

檄飭遵照並催陸仁愷速來運河任事外理合

附片陳明謹

奏

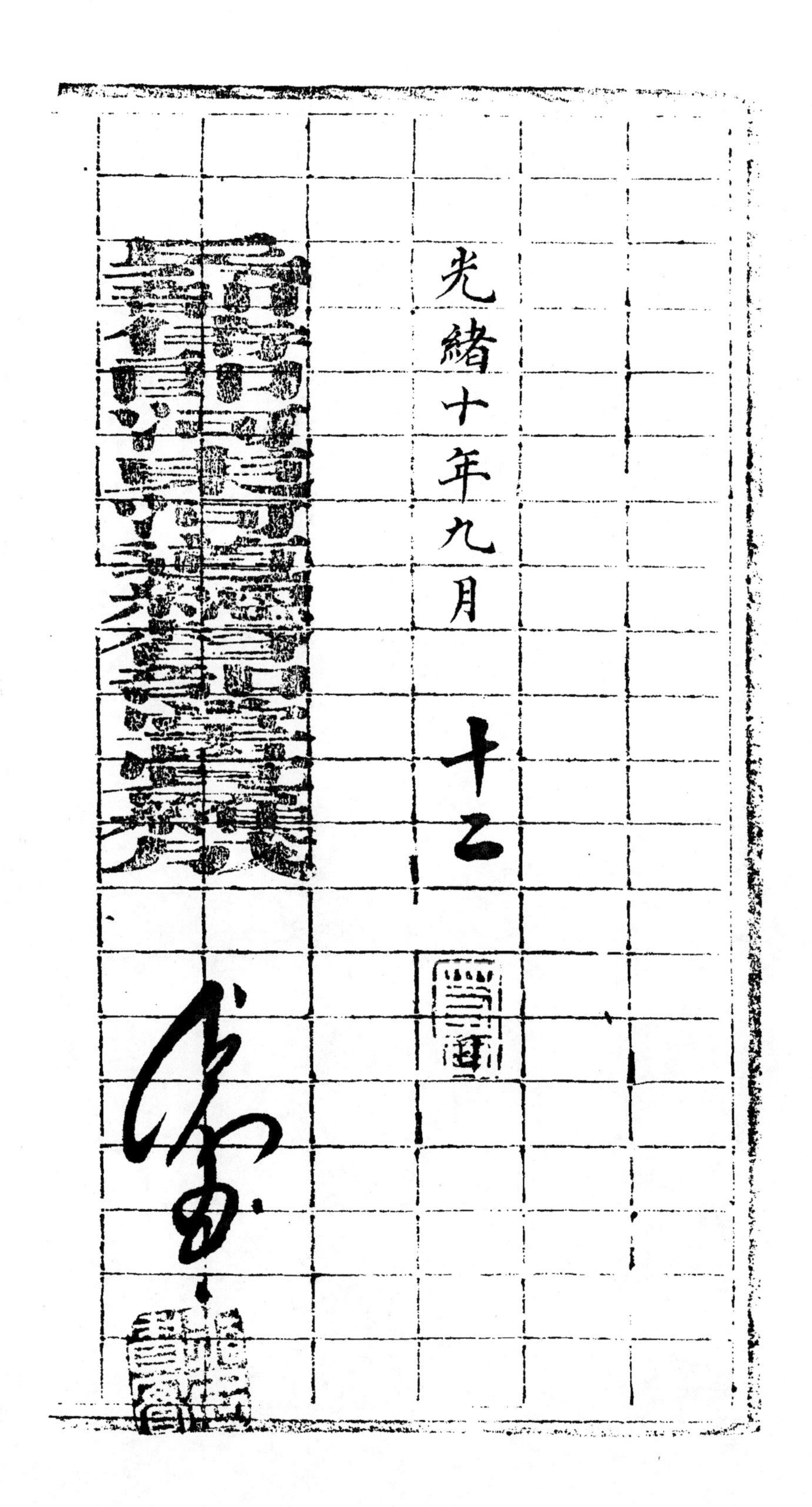
光緒十年九月 十二

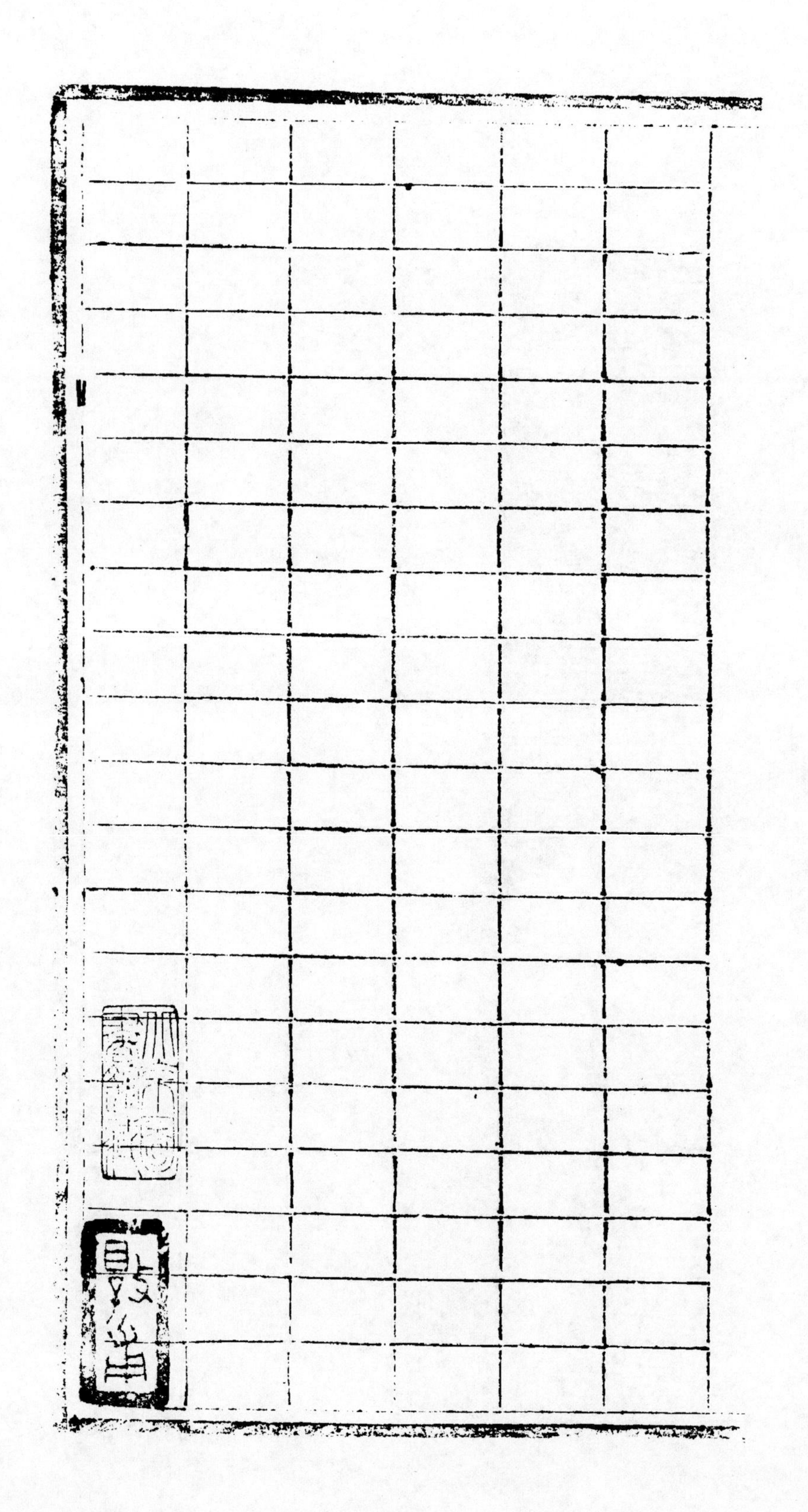

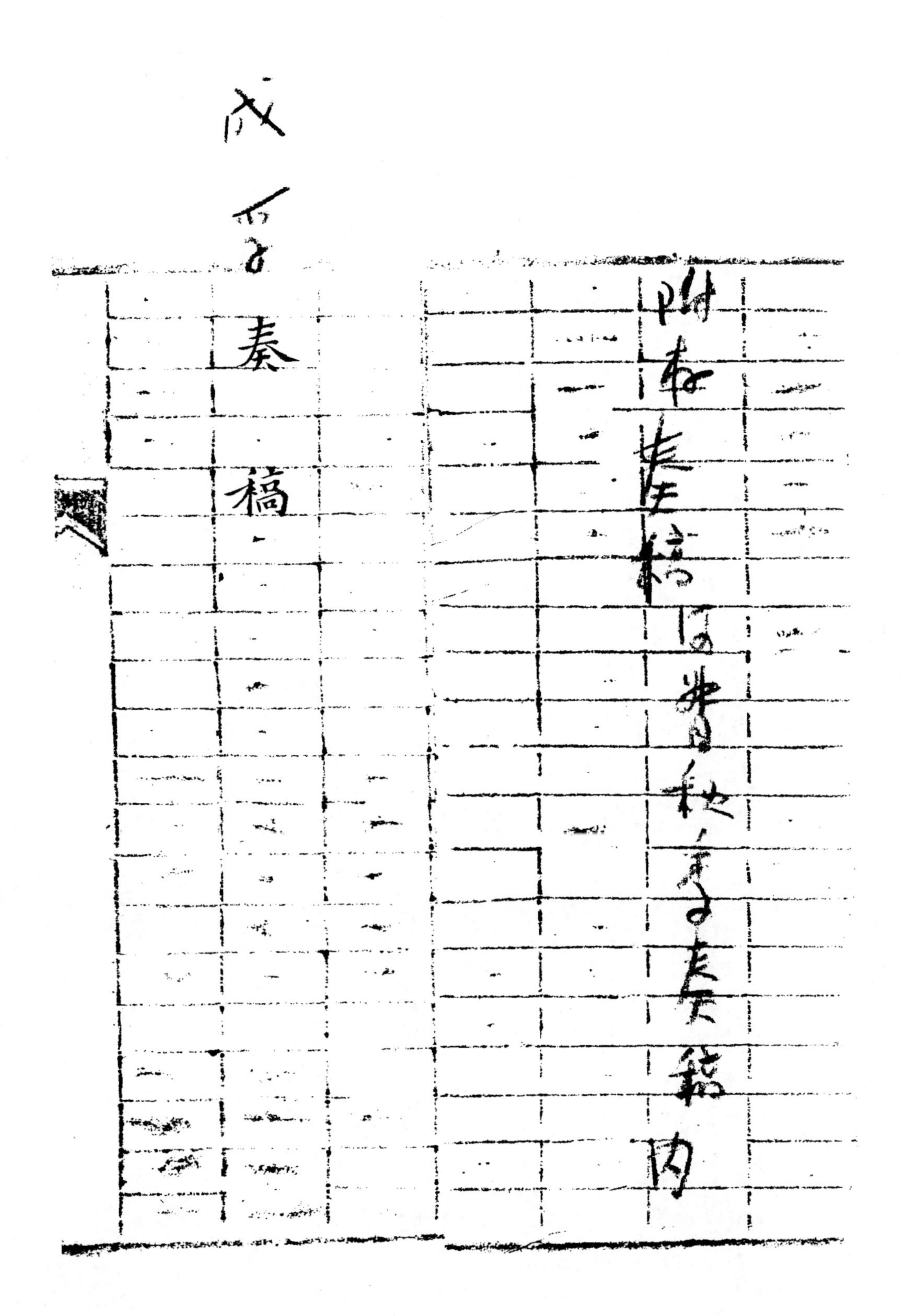

戊子奏稿

附存奏稿丁亥秋季奏稿内

奏為河工緊要恭懇

天恩簡派大員來豫駐工以昭慎重事竊臣自鄭工

失險後疊奉

諭旨欽遵趕辦物料剋期興工以冀上紓

宸廑下保民生刻已時屆霜清水力漸緜業經將兩

岸壩頭盤固挑挖引河築攔黃壩相機進占奴才

責無旁貸何敢稍事諉卸只有殫竭血誠力圖

報稱仰答

高厚於萬一伏念奴才曾任河道又蒙

特簡河督歷年来於防守機宜亦嘗悉心講求迺奉

職無狀致此奇災茲當興工伊始事務殷繁奴才

自揣庸愚深恐再有疏虞合無仰懇

聖恩俯念事關重大

速派大員來工督辦如蒙

俞允俾奴才有所遵循實於功程大有裨益所有奴才省

慈闈勉慎重要工之愚忱理合恭摺具陳伏乞

皇太后

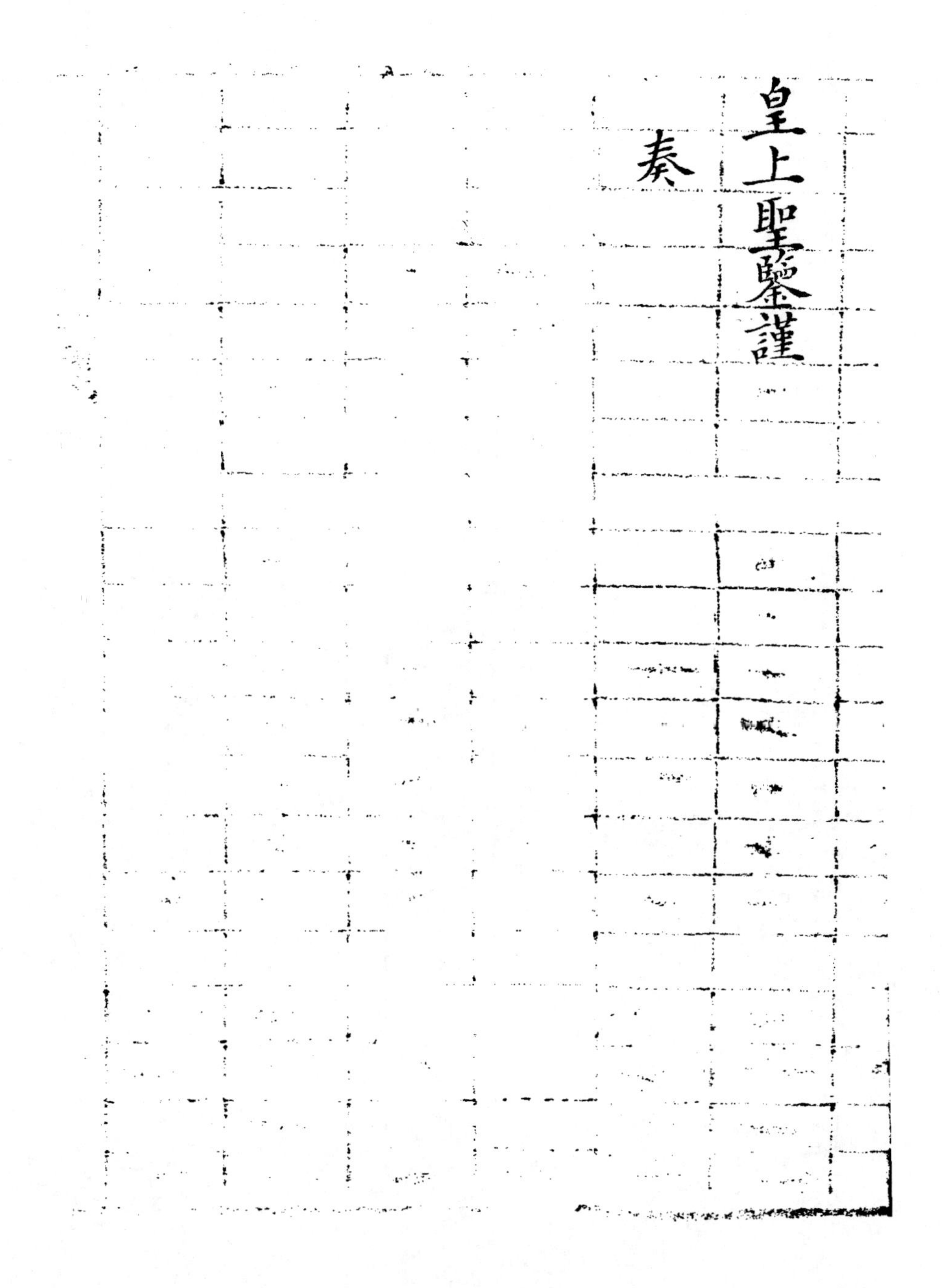
皇上聖鑒謹
奏

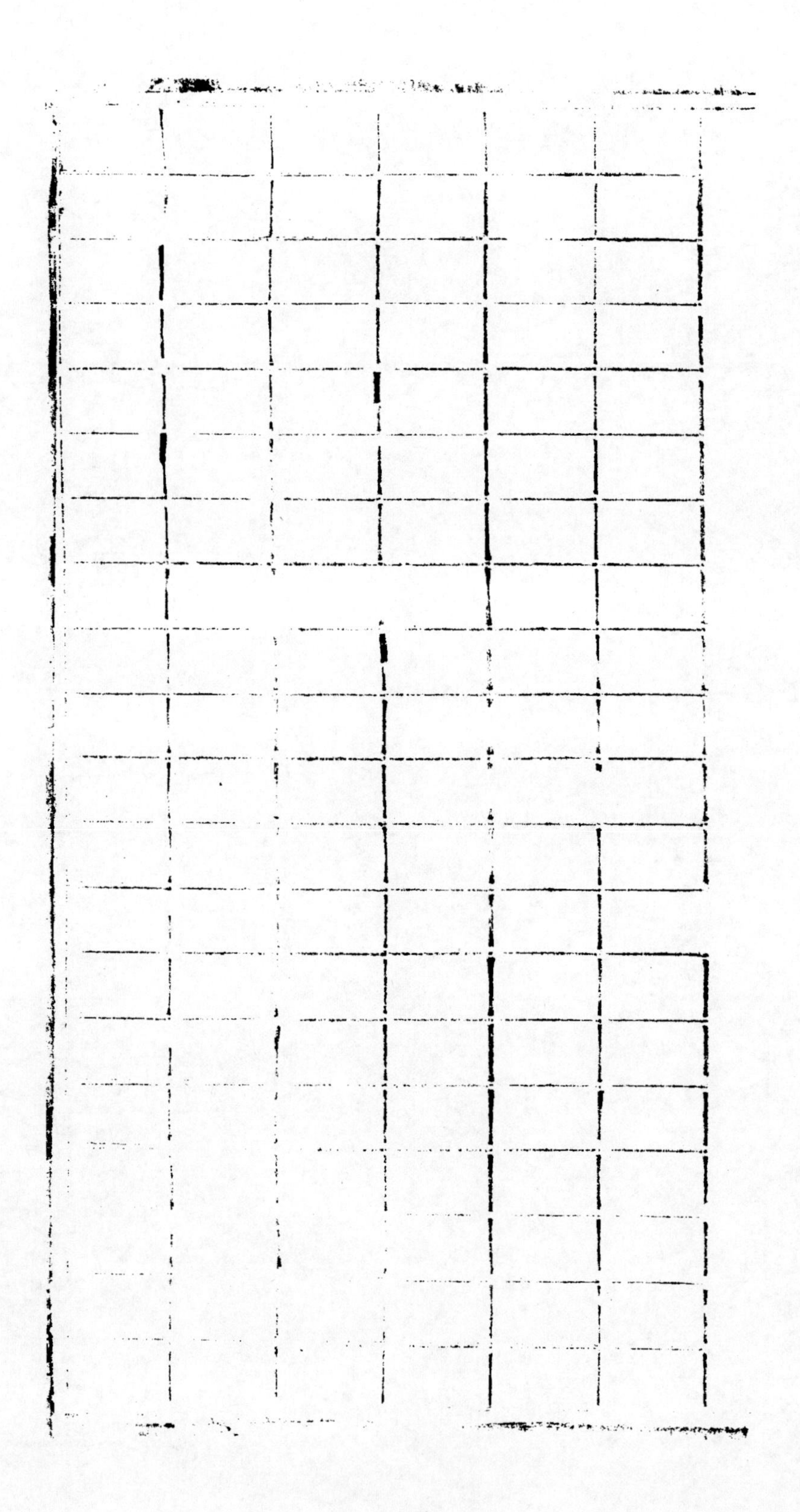

# 山東巡撫陳士傑等人奏疏

# 光緒十年十一年

東撫陳奏疏六件

延尚書一件

吳漕督二件

章寶臣一件

徐致祥一件

惲彥彬二件

工部等部二件

已繕

山東巡撫臣陳士杰跪

奏為遵

旨查明機船可以試用兩岸縷隄應行隨時加築上游民埝業經催飭赶辦恭

摺覆陳仰祈

聖鑒事竊臣於上年十二月二十六日承准軍

機大臣字寄光緒九年十二月二十二日奉

上諭御史趙爾巽奏酌擬山東河工辦法各

摺片山東黃河工程關係緊要亟應將
隄防疏濬事宜妥籌辦法該御史所請
飭機機船開挖口門是否可行著李鴻章
左宗棠陳士杰會同酌議具奏至所稱築
隄宜酌中辦理豫防漲漫長清以上至曹
州各縣或先築縷隄或鑲埽防護宜合
上下游統籌兼備等語著陳士杰体察情
形妥為籌辦原摺片均著鈔給閱看將

此各諭令知之欽此遵
旨寄信前來臣謹細心察閱御史趙爾巽原
摺一稱十四戶以下正河淤塞必須倣照
靳輔治海口之法從河身兩旁各挑引
河一道並就正河逢灣取直臣查十四
戶以下西岸民居多近河濱且岸有
民埝計開引河遠須穿越民房近亦
須將已成之民埝概行拆毀始能挑

挖於民情甚為不順臣與司道商量
該處一帶河身較寬且擬就上游下
家漫口作減各壩以下水勢河身當可
容納不如就民埝加高培厚以資捍衛
其東岸則民居略遠擬即該御史所奏
以開引河之土築為長隄至鉄门関以
下河面漸窄除小灣不計外大灣兩處
長三十七八里河流迂迴消減因難迅速

臣前奏逢湾取直開挖引河以順水勢與
該御史用意略同惟取直則引河祗開一
道河面當至四十丈内外傍海民夫難招
故估開之處祗至新河口為止其由新河
口至舊河口数十里應俟伏秋大汛過後
能否暢消再行籌辦一稱入海口門極沙
壅積人力難施不惟鉄篦子混江龍非
濟急之物即王開運造船僅用牛力亦恐

未能合用莫如用西洋挖泥機船由海
口逆挖而入若能日濬日深則海口有建
瓴之勢上游沙隨水去亦不濬自暢臣查考
種挖泥機船用之於海口以外必能得力
惟海口以內河身窄小竊慮轉動維艱然
能挖去海口以外极沙為益已屬不少臣
已咨請兩江督臣左宗棠借吳淞口現在挖
泥之船駛至太平灣試挖數月並咨詢直

隸督臣李鴻章是否合用如能挖入口門即
行籌款赴外洋定購俟各該省咨覆再行奏
聞一稱遙隄縷不可偏廢籌辦縷隄亦須與重
隄相倣去水不可太近須留數十丈為水性游
弋之地並當逢灣取直庶幾足資防禦臣
查縷隄即是民埝民埝固不可偏廢然當
先築重隄以保固大局俟工竣再行兼顧
民埝則民力不至竭蹶惟縷隄不能不藉

資民力既藉其力責令隄基必去水數丈棄舊從新民間必不樂從當隨時勸導相地辦理又稱興築長隄長清以下各州縣圍足資抵禦竊恐此後河患不在下游而在上游長清以上沿河無隄之處應先一律趕築縷隄俟下游工竣上游即一律接辦重隄臣查上游如東河平陰肥城地勢略高防禦較易臣先其所急故辦理重隄自長清起

惟河身年淤一年該數縣亦難保無氾濫

之虞臣於去冬業已兩次札催飭令各該縣

督率民夫趁冬春之交沿岸加修茲查

肥城北岸與長清接壤地段不長亦潰

田長清接修而上其東阿平陰兩縣地段

較遠應俟長隄告成再行

奏請籌款分別辦理所有遵

旨查明該御史所奏各節機船業已咨請試办兩

岸縷隄告成後再行兼顧並上游民埝業已
催令加培各緣由謹專摺覆陳伏乞
皇太后
皇上聖鑒謹
奏
光緒十年正月二十二日軍機大臣奉
旨知道了欽此
正月十五日

已繕

山東巡撫臣陳士杰跪

奏為欽奉

諭旨恭摺覆陳仰祈

聖鑒事竊臣准軍機大臣字寄光緒九年十

二月二十七日奉

上諭內閣學士周德潤奏治河當去其病請飭

挑浚河身疏通海口以順水性並籌常年

疏浚之方俾行久遠縷隄宜力求穩固遥

隄宜陸續緩辦等語著陳士杰按照所奏各節酌度情形通盤籌畫妥議具奏等因欽此查該學士原奏所稱各節如挑浚河身以資消納一層似屬可行惟大清河地段綿長兩岸廬舍過多若節節開挑引河不特河邊開挖二三尺即行見水水中撈沙既屬不易兼恐穿越村莊民多不便其十四戶以下東岸地段較寬尚

可於地施行察分水當於上游似以開通馬頰徒駭為正辦惟馬頰是否不致另有窒礙現經遵照部議與直省委員會勘並由臣咨請直隸督臣李鴻章妥議具

奏徒駭河本擬今春挑挖以現辦長堤紳民籲請暫緩業經另片詳陳又如疏通海口一節原奏擬在太平灣兩岸之內左右各挑引河一道以待大溜沖刷用意非

不甚善但太平灣以上二三里潮水來往淤沙不能站足人力實無所施屢經查勘体察情形惟有將新河口迤上灣曲之處取直挑深使溜行通暢上游無壅滯之虞則海口雖有積沙地面較寬當不難於宣洩又如常年疏浚一節查陳世倌之大鐵軸與混江龍鐵篦子約略相似臣於工次業經製備船隻招募水

師傚而行之會同侍郎游百川
奏明在案現在試用尚能捲起沙泥惟收效不
能迅速若行之日久逐年疏刷使中流停
淤較少則為益已非淺鮮故治河方略
築隄以禦狂瀾分消以減水勢疏濬遂
宣洩三者相輔而行該學士所稱疏濬
一事洵未可以偏廢也至兩岸長隄上
年已經動工刻下多有修成之處大局

攸關似難遽行中輟緣堤一項自當就
臨原有之民埝再為加高培厚以保近河
村莊臣已另摺具
奏俟大隄告竣即為逐段籌理細查侯學
士所陳各條皆本之成書為救時防患起
見惟河防當因地制宜非親歷其境在工
日久難以盡悉情形臣忝膺疆寄河責
無旁貸萬不敢固執己見致負

朝廷慎重修防之至意所有欽奉

諭旨酌度籌辦緣由謹恭摺據實覆陳伏乞

皇太后

皇上聖鑒謹

奏

光緒十年正月二十二日軍機大臣奉

旨知道了欽此

正月十五日

已繕

陳士杰片

再臣於工次接見利津堤工印委各員據稱利津以上北岸與濱州相接地段約十餘里可以修築重堤其縣城以下南北兩岸田園廬墓均在沿河一帶距河四五里以外便為斥鹵之區且地近海濱河面較寬若離岸數百丈築堤須從鹽灘穿過於務亦不無小礙臣查修築長堤原為

保衛民生起見今該縣精華皆在沿河一帶數里以外便少田廬無事重隄捍衛自應改就民埝加高增厚藉以俯順輿情除飭印委各員遵照辦理外謹附片具

陳伏乞

聖鑒謹

奏

光緒十年二月二十九日軍機大臣奉

旨知道了欽此

已繕山東巡撫臣陳士杰跪

奏為遵

旨查明興辦長隄實於大局有益民夫尚

無所苦民埝亟宜接修恭摺覆陳

仰祈

聖鑒事竊臣於二月二十八日在利津工次接

准軍機大臣字寄光緒十年二月二

十日奉

上諭都察院奏山東惠民等縣民人王雪堂等興修重隄廢地棄民等詞赴該衙門呈訴東省黃水為災屢次潰決屢議築堤無非為保衛民生起見前據陳士杰奏興辦長隄濱河民人頗多觀望茲據惠民濱州齊東濟陽各州縣民所訴强令赴工苦上加苦各節建築隄工固不可惑於浮議亦須体察民情究竟所築

長隄是否有利無害即著涑士杰再行
妥籌詳慎辦理原摺原呈均著鈔給
閱看將此諭令知之欽此遵
旨寄信前來跪讀之下仰見我
皇上於保衛民生之中仍寓体卹民隱
之至意下懷欽佩莫可名言遵查
遥隄之說潘季馴主之靳輔主之是
築長隄斟酌基址視民埝為稍遠

視遥堤為稍近臣係督修之官不敢
自謂有利無害然證之河南之遥堤
山東濮范之重堤數百年來循守無
恙賈莊南岸長堤自光緒元年興
築後各屬藉免水患則其為利為害
可不辨而自明也至於民人王雪堂等
所控埝上加埝一節查沿河各州縣經
管地段兩岸遠則百數十里近則數

十里工程既大需夫孔多外省招募既
恐主客不和且當茲重災此項價值給
與附近居民兼可以工代賑臣巡視隄
工備詢各處民夫均由紳董自行商
定無論長隄民埝通力合作以期迅
速蕆事且挑土一方即得一方價值亦
無所謂苦如該民人果有苦累何不
赴臣衙門及司道本府控遞呈詞而乃

經行赴京越訴此等民人非挾私逞忿即藉端而斂錢無疑也惟臣雖經出示曉諭俟長堤告成即為接修民埝究未能將民埝同時並舉實因工大費繁臣才力不及亦所自知竊以人情莫不好逸而惡勞而鄉愚無知但顧目前尤乏遠慮如予以津貼聽其自行加修無官吏督率勢必隨意堆壘

責徒費
國帑於事無裨臣欲做一事便收一事實
效是以明知其急而不能不次第以圖
也伏查都察院之意無非欲臣亟修民
埝保衛沿河居民臣亦以民埝早成一日
則民生早安一日是以臣上年擇沿河淤
處亟為修築今臣未出省以前復
分飭各州縣擇民埝低窪之處先行

培修以備大汛如東阿肥城濟南長清齊河章邱齊東各縣均經稟報修補低窪處所先後就緒其惠民濱州蒲臺青城等處或因積水未涸興工稍遲或因地段太長難以兼顧雖經札飭未據稟復前來茲已三月長隄大半均次告成所有民埝自應如都察院所稱趕緊一律修理除將津貼辦理情形另

行擬議具

奏外所有遵查長堤實於大局有益民夫

尚無所苦民埝亟宜接修各緣由謹專

覆陳伏乞

皇太后

皇上聖鑒訓示祗遵謹

奏

光緒十年三月十九日軍機大臣奉

旨該部知道欽此

三月初九日

陳士杰片

再臣於六月十六日在登州營次接准軍機

大臣字寄光緒十年六月十一日奉

上諭御史吳壽齡奏山東齊河縣黃水陡漲丈

餘民埝漫決成口四五處寬者三百餘丈小者

亦不下百餘丈大隄亦被沖決四五百丈不等

被淹約有六七十餘村直至青城縣境傷斃

人口千餘利津亦有決口延及武定城外近雖

口鎮之桃園亦有沖決現濬小清河至樂安縣境該縣附近居民因不便已有與夫役械鬬並私決黃水倒灌小清河上游等語該御史所奏河決情形與該撫前奏不甚符合著陳士杰詳細查勘迅速具奏一面查明被淹村莊傷斃人口妥為撫卹毋任一夫失所至樂安居民私決黃水並著確查辦理將此諭令知之欽此遵

旨寄信前來伏查齊河縣境居大清河北岸
青城居大清河南岸齊河如有決口黃
水無滙至青城御史吳壽齡所奏疑是
齊東誤如（失）齊河前閏五月十二日齊東民
埝漫決數處寬窄不等大堤亦被沖擺
曾經
奏明在案經前臬司潘駿文豫山察看民
埝決口參差不齊比時牽算已寬至百數

十丈大隄民埝一處沖決一處通計亦已八
十餘丈此後有無刷寬尚未據報工歸賠
修丈尺無所用其朦混又齊東距歷城僅
百餘里得報後隨經分派官紳旋放急賑
往來絡繹先後據各委員及齊東縣稟
報均無傷損人口詢之各放賑紳士據稱民
埝開口之處附近村落傳聞不無溺傷及
詳細訪查殊無實據其隄外之水由小清

河下淺隄內之水漫及青城蒲台等縣仍入
大清河續據各該縣稟報均經派員前往
撫卹至利津縣張家灘決口本小水由繹河
出海上距武定城二百數十里實無從倒
灌決口隨即堵合亦經
奏明在案又該御史奏雒口鎮之桃園被決一
節查桃園係屬北岸現濬小清河與樂安
縣係屬南岸大約因南雒口下游三十餘里

套圈等處決口等處誤為北鄉之桃園至樂
安閘挖海口所用工夫本地居多不惟不
曾械鬪村民且多感激水至樂安業已入
海無從灌至小清河上游細思該御史所
稱居民私掘黃水當是壽東縣民埝居民
掘閘大堤而大堤外居民復掘閘小清河
隄將黃水洩入下游輾轉傳說之誤其掘
隄首犯當批飭該縣嚴拏究辦凡有被

淹村莊此時散放饘粥外均經派員馳
往查明戶口接放普賑矣以仰副我
皇太后
皇上軫念民依之至意亦經
奏明在案所有遵
旨查明吳壽齡所奏與臣原奏不甚符合緣由
謹附片陳明伏乞
聖鑒謹

奏

光緒十年七月初三日軍機大臣奉

旨知道了欽此

臣宗室延煦臣祁世長跪

奏為查明山東巡撫被參各款據實

復陳恭摺仰祈

聖鑒事竊臣等奉

命查辦山東事件緣之該撫之力修

隄埝所以顧全着大局者意頗深

遠即其開小清河亦為收南路諸

水順流歸海不至助黃為虐而

本年黃水陡漲丈餘接連大雨

屢降以致隄工甫竣而旋決小清

河甫濬而旋淤實非意料所能及
其節節搶護事後補修均經奏報
至梁原奏所謂靡帑誤工上欺
朝廷下欺百姓至臣等至愚度其必不至
此惟冀河為患稍紓使暢消入海不
能洩盛漲而衛民生該撫詳於隄
埝而略於口門竟至謂近海多一淺
水之處於全局實無大益無乃所
見稍左即如利津縣六十四戶臣等親
往履勘其地正當河流正衝上年

既經淺口正宜助以人力導使入海即
孔憲穀等原奏所謂下游疏暢正可
藉作尾閭者也該撫於此極力堵築
工頗堅實此口一堵上游橫決之處遂
多利津一縣即有張家灘張家莊
甯海莊等三處其明證也現在甯
海一口雖經該撫倚為入海之途而
口門不暢能否宣洩尚不可知孔憲
穀等謂其聽信鹽務官商之言雖
無確據而該撫原來堵築十四戶時

概稱全有有淡食之虞似亦言之過
甚蓋山東鹽場非僅十四戶也惟
有請
旨飭下該撫悉心籌畫務於海濱地方尋
出口門設法令河流暢洩於上游
隄埝方有裨民之益該撫受
恩深重勇於任事斷不至膠執成見徒
重鹽務以自取怨尤也除全河利弊
應由漕運總督吳元炳詳細覆奏
外所有臣等查明山東撫臣被參各款

緣由謹由驛四百里馳奏伏乞

皇太后

皇上聖鑒再臣等擇擢發即於本月二十

七日率同司員等起程迎擢北上合併

聲明謹

奏

光緒十年九月二十九日軍機大臣奉

旨

欽此

九月二十五日

已經

查勘山東河工漕運總督臣吳元炳跪

奏為山東河工查勘事竣謹將實在

情形並酌議辦法詳細覆陳恭摺

仰祈

聖鑒事竊臣等

命查勘山東河工海防業將查明海防

先行據實奏覆八月初一日濟州途

次接奉

批旨本日已有旨令吳元炳補授漕運總

督着將山東河工詳細查勘後覆陳

後再行馳赴新任欽此初七日行抵德州

奉准

軍機大臣字寄光緒十年八月初

五日奉

上諭給事中孔憲瑴等奏山東河務際

要條陳辦法請飭詳細斟酌折衷一

是等語等因欽此遵

旨寄信前來並七月初十日孔憲瑴寄原

奏一件臣以河務至重百聞不如一見

必須到東履勘後尚始克周周知原委[illegible]

即馳赴東省於八月十二日行抵濟南
時撫臣陳士杰尚駐烟台防次未回
行接晤司道府縣諮詢東省河患
近年籌辦各情畧悉大概爰率
撫臣所派文武委員同赴上下游
詳細查看西至運河以上之張秋鎮
東抵利津以下近海之鐵門關水陸
往環繞閱黃河一周計程約一千數
百里悉心查視河形地勢水患民
情與見聞所及籌辦各事宜分

晰利病敬爲

皇太后

皇上詳陳之恭摺

採擇臣素未諳河防之書亦未曾躬親

河務治河之策弗能諳習惟臣豫産

也請以豫河言之查豫省河患爲

大隄防亦多豫河之遥隄兩岸相

去近或二十餘里遠或三四十里蓋

以河身本寬隄内又多餘地倘

非異常盛漲搶護失宜鮮有墊

隄潰敗之虞自黃河改道入清以西河形尚廣漸東漸狹寬僅二里隘者不及一里下抵鐵門關大類相同是山東實無容納黃河之地河之受病一也大清河道本自深通黃河徙入三十年從前亦未為災患黃流水泥多半水落沙停深潛淤日淺岸畔日淤日窄水淌實不能容而四溢是河之受病二也河身既淤墊日高海口棧河板沙又多停

阻年復一年川壅而潰患有不勝言者是河之受病三也東省城垣村舍間多濱河民人護惜田廬築埝逼河太近不肯展寬水溢出槽勢必潰決是將與水爭地無如地隘難容是河之受病四也緣隄本即民埝高約四尺低或二三尺半皆倉猝堆成未確堅築初不領款向無保固遇有險工小民匱乏搶護無資衆力不齊水至即潰是河之受病五

也縷堤以外相去一二里或三四里另
築遥堤遥堤高八尺底寬八尺面
寬二丈縷堤決口賴有遥堤不至橫
溢但水退沙淤地漸高仰以至縷
堤決入之水勢等建瓴反攻遥堤
竟有與縷堤同日潰破是河之受
病六也遥堤工繁費鉅愚民不知
例禁則淺縷堤之水動輒偷掘
至遥堤外所淹更廣縱有遥堤
無毉可恃是河之受病七也縷

隄阮破殘仗遙隄障注旁流而順堤漫及下游之田盡占衆益困步格隄水無停蓄以至遠淺是河之受病八也八病總以河隘為受証之根臣查東省今歲續隄所決為口如果河之三里莊吳家墺史家橋陶城埠張秋鎮掛劍台郎家營千家莊齊河之紅廟李家岸柳家屯姚呂莊歷城之蔣家莊北小街霍家溜河套圈絨坊馮家莊

章邱之羅家莊齊東之蕭家莊
東月隄西月隄許家園戚家莊大
張家莊邵家莊生家寨利津之
張家灘卞家莊張家莊甯海等
處其受病大率由此及今籌治
河隘限於地無方可施只得於
人力所能為者設法補苴遙隄縷
隄費帑二百餘萬兩已成之局無
可偏廢但縷隄束水太緊河窄
溜激加以遙近兩隄水勢抬高出

槽甚易衝塌之舊埝已多向外
遷移嗣後無坊漸次展寬祇須
培厚不必增高俾坪上淤墊之地
不至助出槽之水勢逆衝遠隄一
利也後隄似不可恃惟恃遠隄千
有餘里屹然一律不及一年全功
告蕆惜五月甫成土鬆未實黄流
驟至故不失事似宜添高數尺培
厚數丈加工硪築隄腳密打樁木
歲久堅固保障有資且被災之民

即可群居隄上照看禾黍二利也
遙隄之上現章三里一棚土夫五人
似難得力請
飭撫臣核議於巡防并勇外仿照豫河
章程酌派河汛兵丁若干分段防
守以專責成隄上多備土牛稭料
磚木免致措手不及練習日久群
力齊一庶無疏虞三利也遙隄縷隄
之間酌加以格隄臣初疑格隄水易
積及見歷城之蔣家莊任家峪平

陰之尹家莊均賴格隄水未漫入是其明徵邊隄坐窪臨濟頂衝等處宜加築月隄套隄以輔之章邱之大寨濟陽之民埝有套隄二三重者邊隄愈形穩固四利也隄段廣遠尚恐波及宜仿豫省堡寨之法大村周以土垣小村圍以護堰高卑視水之深淺為衡各莊皆然更無指水阻水之慮五利也緩隄報驗地方官宜火速臨視給資

檜堵督率各莊通力合作續隄善
失則遠隄鞏固六利也遠隄原以
禦水隄外居民更多無庸宣示切
諭申明定律嚴禁盜掘官隄毋得
觸法自罹犯者必懲則全隄永可
無虞七利也海口淤塞河水宣洩
不暢宜於鐵門閘以下查明第蕩
空闊之處區水流澳散之處接築
兩岸長隄束水刷沙俾板沙不得
停壅八利也病利相形得失之數

見去取之宜明矣至若派員辦
工知人尤難才有短長稱職不易
印委各員不知事關重大賢之
求差及不勝任糜帑殃民貽誤
何窮似宜擇著有成效之員任
之愈資熟手凡濫竽僨事者即
使撤退重者參革勿稍遷就聽
其僱工反多耗費掣肘之弊則賢
能者奏功庸碌無倖進矣工員派
定之初工程丈尺土方取具切結保

圖銜名彙單咨部查考三載考績請部核其功罪分別予以賞罰賞優於功罰嚴其罪以示勸懲開保之日准照原咨各員給撥單外之員不准一名攙入則責成嚴而薦舉無濫矣工程必有用款寬減酌中估計飭部核定之示遵不得浮冒亦不得草率則支銷鮮虛糜矣倘有決潰之處即委迅將實在情形即刻具字申請入

告不得稍遲掩飾含混自干重咎則
寧輒切實矣現值霜清已届各
潰口業多次第堵合惟察河工程
較大水寬取土稍難請
飭樁臣籌款速負設法搶築趲際合
龍俾災民早脫沈淪之苦無誤
東作之期至竊海口淹沒亦寬
幸在下游去海約一百二十里或謂
勿築正可藉分河海似有所見但
黃河性不兩行識如孔憲轂萬原

奏。所云此通彼塞，請

飭接任遴委深明河性之大員詳加查

勘。其前甯海廳各堵築柳廳，何作分

減河水之區，並與鐵門關舊河有

無妨礙，並請奏明辦理。

伏臣

知識庸陋，黄河形勢時有遷移，

謹就管見及現在情形酌議辦法，

據實瀝陳，是否有當，伏乞

皇太后

皇上聖鑒訓示。山東河工臣詳細查勘現

已事竣撥即遵
旨履東沒馳赴新任再臣查河西有
適山東學政臣汪鳴鑾將行出有
考試先期借用學臣關防具摺
封發合併聲明謹
奏
光緒十年九月三十日軍機大臣奉
旨
欽此
九月二十三日

已繕

吴元炳片

再山東大清河之南有小清河一道爲歷城章邱坡水所注又會章邱以下各縣之水東達於海上游舊有閘口數處使支流分入大清河自黄河奪道近復兩岸築隄小清河口或堵或淤遂無口門可入平河下游亦間有壅蹶一遇積潦不免漲溢爲灾據臣盱紳民之請飭籌修治前臬司潘駿文曾上條陳

識論卓有見地嗣經委員勘議改挑新小清河一道下疏支派濟直趨入海詎興挑之工尚有兩段未濬邁被黃水由歷城齊東濼口竄入致新舊小清河上下游之南北岸全被漫出清黃連為巨浸汪洋一片民村被災甚衆臣查勘黃河南岸時沿堤問津浩若行水不通車泥不通舟餘波至今未消查小清河為宣洩歷章丘縣山泉坡水之區通

塞関乎利病, 揺臣派委修治, 未竟厥功, 忽遭黄水淹入, 坡工負土鞭完竣, 刃道亦未經驗, 収恐刻下尚有黄泥淤墊之處, 可否請
旨諭飭揺臣查案責令原委承辦小清河各員仍照原定工段挑浚, 是否如式, 另委大員驗收, 俾前功不至廢棄于半途, 是否有當, 伏乞
聖訓施行
光緒十年九月二十日軍機大臣奉

旨

欽此

已繕

五品銜候選通判臣李寶臣跪

奏為情殷殫悉擬策陳言事竊照東省黃

河過於入海漫決為災民生昏墊臣雖無

談袤田廬目擊心傷久欲謬陳管見祇

以梁甚孱喘不勝勞力勞心痛瘝難效

馳驅未敢干瀆奈年復一年河患更甚

理合擬策具陳以備

朝廷採擇伏念治河之道別無秘計奇謀

明臣潘季馴及前河臣靳輔皆不外以水

治水寓濬於築其築法舊重遙縷之隄

輔之以滾壩減壩詳載河防一覽治河

方略諸書毋庸瑣贅有謂海淤難疏
必須另尋去路穿鑿之說自古有之亦
經潘靳之臣備駁於前第尾閭既壅
斷無擴充腸腹而能容納無患者也恐
非束水攻沙雖期通暢而束水傷急又
非早為隄身所能障衛值此
帑藏支絀興築兩岸十數萬里高寬縷
隄不啻鉅款難籌而且不勝防禦是
難未可盡泥古法而亦何可不師其意
惟有先治口門譬之建瓴但求瓴口暢
洩瓴內必無滯流之理其法一俟霜

清水落塞冰未結之時於海口百里以上就新築重隄趕緊接築形如斜瀾束隄其兩隄相距愈至口門愈收愈近隄身愈高外坡愈坦庶使上游之波寬緩塞決以後易防守則下游河面益窄河溜益趨益急隄益鞏固而守禦亦須益密俾桃汛漸漲時河逼溜為轉散漫為泓湧則海面接低梳閘口東流俯臨奔瀉何難漸滌漸深消大汛疊臨下游暢通歸海上游無不隨而奔騰急刷河底滑深然後

繕完濱水民堰方為正辦若能再
於尾閭以內查照成法籌築隄埝
土寬成川導河是又寓築於濬更
必易於刷通而收效較速抑臣更有
陳者自古任法尤貴任人雖有其法而
無其人猶無法耳當今
聖明在上中外臣工賢才輩出將見
特簡賢良卓識大員俾以便宜責其成
效則水土平成之績可指日而奏矣
愚昧之見是否有當伏乞
皇太后

皇上聖鑒謹

奏 九月三十日

革職留任山東巡撫臣陳士杰跪

已繕

奏為遵

旨查明籌辦河防據情恭摺具陳仰祈

聖鑒事竊准軍機大臣字寄光緒十年

九月三十日奉

上諭據吳元炳奏查勘山東河工詳陳利

病及以清河淤墊請飭籌辦各摺片

等因欽此跪聆之下感悚莫名當即

恭錄行司潘駿文張桐陳錦欽遵

查照去後茲據降調臬司潘駿文

寧穆查河患之在東省至今已二千年大清河淺狹難容積淤日甚為有識所共見無事贅陳惟受病不同則施治亦異上游河身之病在狹隘治之宜展拓以容水使隄不常決則水能行溜而河身淤墊可漸濬深下游海口之病在淤漫治之宜收束以攻沙使溜常歸一則力足行淤而海口攔沙可冀疏滌此理勢之顯然在察理審勢精心考力以圖之數年必目見起色本年大隄甫成汛水驟至以致漫

決數處近日歷城府東堤築均已蒇事
齊河之李家岸蒲蒙家嘴工竣肩
分派員弁指撥機宜即可剋期堵合
利津之甯海亦幸行告東明緩辦也
外工程之估計增培形勢之補偏救
弊當此節過小雪已宜及早圖維
然而一處之情形相度必審乎全局
來年之利病區畫全在於今之謹就
上下游通盤酌核分擬辦法約有數
端曰增培大隄曰改築民埝曰加修
護莊埝曰添築格隄曰增築利津

南岸大隄曰接築海口兩岸長隄曰嚴禁盜決大隄曰勿輕議改移海口請得而詳言之復查新築大隄規模既異所宜增培高厚情為禦水之資惟原定底寬八丈頂寬二丈高八尺寬有餘而高不足應再加高二尺第加高即須培寬酌量收分應加底寬四尺頂寬一丈以頂作底仍收新頂二丈其東阿平陰二縣原定底寬五丈頂寬一丈高八尺亦應頂底均加寬二丈以頂作底加高二

丈仍收新頂二丈又應成北岸挑工搭
修堤作為距水第一重門戶現已頂
寬一丈高八尺六應加寬二丈加高二
丈仍收新頂二丈坦將殘缺一律修
整以資捍衛惟大堤既加高以期
可守而民埝仍須改築以護大堤
查新培民埝底寬四丈頂寬一丈
高八尺非但高與堤等而河崖
元格平地猛覺高至大堤底以
都寬勿再加高按之地勢以高三
四尺高度攤自加寬行碾堅築使

水即漫埝不致建瓴非徒保障已以
即民蓋埝高則漫水多入莊陡深
三四尺勢必不及遷避即本未遇決而
臨河受水必節次增漲內外高下
懸殊一決則其害甚烈若埝低易漫
則淤隨水入兩面形勢遂均地得
淤而高斷不上水更覺淤之利於
而沿河村莊不可不設法防患應
勸民修護莊埝以衛屋宇資料
高以五六尺為率則漫埝之水至
莊外去不過一二尺既足守禦亦得

遷移立村六戶多者埝工自易集事
若小莊貧戶力有不贍者酌給津貼
其零戶不成村落今歸併不願者聽即
沿河縣城（治）亦在於瀾（圍）廂外酌留餘地
四面普築護城大堤以為保障受
淹漫水循堤而行一經莫禦復有
格堤以約束之格堤之制工務大堤
下務民埝直斜長不宜徑直底寬八
丈頂寬二丈高一丈近者二三十里遠
者六七十里以距堤相近有窪處令
挑濬積水歸河為宜並不准民間臨
河築埝攔截仍蹈與水爭地之弊蓋

既築大隄并以兩岸大堤之用為容水之地以資蕩漾不可復守民埝相輕棄沿河之民實以民埝斷不能守獨以保護大隄數百里之田廬同歸難者自不若獨守大隄力保完善夫一州縣視全局則為一隅以州縣沿河村莊視全局則為一隅中之一隅廬所棄者少而所全者多所謂兩害取其輕也而移為之添護埝使月隄背所漫窪依添撥隄使被淹不致過遠其一切廂護民埝之費款

方可葆省以資力修守大隄乃能穩
固惟現築大隄利津境內祇有北岸
不足二十里此外省隄就民埝改為大隄
河面依舊偏仄隄身丈尺亦單有尤
可危之勢既請該縣設法遷
何須多費要知地處歸墟又值
播遷尤忌頻決第兩岸並增大隄
則改築之費為數甚鉅查北岸大隄
近者處已與民埝相接應即將改埝之
隄加以底寬三丈頂寬二丈以頂作底
加以高二丈尺收頂二丈庶幾稍有可
恃其南岸蒲台大隄雖亦以為利津

段埝之隄相連應再接蒲台隄尾
距河遠近仍照底寬八丈頂寬二丈為
一丈增築南岸大隄一道俾河身得
展平容水之地汛長不致遷改大
隄修齊則信須盡力其防河新隄
尺寸乃及護莊埝概隄分亦均照辦又
兩岸民工以下各有竈壩工程丈尺亦
未盡一應隨同民工南北岸分別辦
法為寬大丈統歸一律北背展拓
以容水所以治河身陝隘之病並

兩護沿河村莊者也至兩岸靈隄
去處距海潮不常到之土名草頭
者西有四十餘里雖無民居大汛時一
片漲（淤）漫行溜無力此實停淤之病
之根尤須急治應從南岸新隄尾
起北岸靈隄尾起各接築大隄
直至海口草頭為止備一年不可（竟）辦
成則分為兩年辦理務使河溜湍
行直達不致紆迴於尾閭始為有益
其隄身面寬丈天与上游同距河
遠近兩岸相等此則收束以攻刷

所以治海口散漫之病並兼護須
海塘處所也顧大隄首防溢決之
虞海口每有改移之設其利害均
關係尤鉅禦水之責大隄實
因限於地勢無可如何小民惟知
切己之利害輒思盜決故禁令不
得不嚴舊例盜決之罪止於軍流
道光十二年江南桃源縣民陳端
因掘黃河大隄放淤致成決口
將陳端等從重照光棍例分別首
從擬辦東省連年盜決民埝實未

總办民間圍墾志焯尉至巍觀收
隄岸申明定例剴切示禁小民咸知
罹干辟有應免誤蹈刑章茲不加展
禁則十里無堅隄完善無可全之
勢隄同虛設而數患立靡矣至
下游邊有漫洪輒議改移海口
自昔為然亦且有河總淮而中洪為
深二三丈隄岸之形勢俱全猶患不
暢若洪口處之海勢奔騰不過數
里及十餘里始有涵溝以下則一片
漫水既無河身又無隄岸而謂其漲
暢於黃河身之寧海洪口抑任其

分流藉殺水勢惟是全河之海口

関係只此分則水力愈弱而海口之淤

更速全河之病益深歷年之患上游

既在於前河以上下游既在於利津以

上又係勢所必至是有海決口似宜

併堵以俾治河全局此又所以保

護大隄維持海口者也以上工程紛

繁就現在情形設法補救非舍此

亦别無良策且現在既急於趕年

凌汛並有漫溢本年河以叠決而

愈高水凌尤易擁積大隄俱屬

竣工只限城南东西两面 新堤工程更
未坚实应责成原修各员加意
防范因铁路疏浚于岁尤须分段派
营宽备料物力防三汛若有险阻而
勇队不敷处防与无险同有人而
料物不足应用与无人同人无疏懈
料齐然后防务始终臻完密但得
一年堤决而险不溃便可稍有把握俟
经历三年随宜酌办河患当渐轻减
所难者不独在筹办而尤在筹费
就以上所拟办法增堤为两岸

大隄約需銀二十七八萬兩次民埝津
貼護存埝並添築隄約需銀二十九
萬兩增築擬築利津兩岸大隄
約需銀二十七八萬兩現計需銀九十餘
萬兩其齊河濟陽齊東蒲台利津
五縣建築護城大隄尚須另行補助
依本年所辦各項工需經大部撥
留指撥外有及本年籌銀為數已鉅
而本省司道各庫復經節次提撥
羅掘一空當此海防需餉甚殷豈
易籌此鉅款非變通辦理則將外

应增培堤工均式加高而酌减帮宽
丈尺计可少用银八九万两但增筑
利津南堤将拟筑海口堤工暂从缓
办又可少用银十万两共改民埝修护
在埝添拟堤段工需万不可缓益见
改筑民埝则大堤必不能保况修护
埝添拟堤则治河无以自存此项工
需费不能有确计仍需银七十余
万两虽河身稍得展宽冀免旁
决而海口依然散漫难望刷深未合
上下游而并治究难言周安与其縻款求节

肩而患仍未除何以患力匪舉而效

乃可見惟是本年曲詢羣情增

民(培)怨猶復不免人情(言)乃猥排衆說

不曾見怨固必更招物議殊而責成

所在既不得不先陳明大局俾同尤未

敢稍涉遷就惟有詳晰臚陳仰

祈宸請

飭部自通盤籌遠何策之從橫覆道

加以情商来(相)極應請

旨飭下戶工二部分別核議逕與謹據

情恭摺具陳伏乞

皇太后
皇上聖鑒訓示謹
奏。十月二十日

光緒十年十月二十一日軍機大臣奉
旨：該部議奏。欽此。

太常寺少卿臣徐致祥跪
奏：為山東河患日深，災黎日衆，請
亟籌興修，以拯民生而靖內患，仰祈
聖鑒事。竊臣於光緒十年十一月條陳山東
河工宜業盡
明鑒。迄今又一年矣，下游決口未塞，上游又

已繕

准奉部咨行保薦人才

復潰決漫溢幾百里本年八月欽奉

懿旨停止北海工程撥銀賑濟仰見

皇太后

皇上宵旰焦勞無刻不以民生為念凡有血

氣同深欽感然而河患不治今歲為

此明年復然此岸甫堵彼岸又潰

沙淤壅積過之益甚也水勢漫溢

降之不能也亦併力疏導集款濟用

身負責成得人辦理無以成一勞永逸

之計而停

九重無顧之憂臣請更為

皇太后

皇上力陳之查東省黃河入海舊口積淤日高

里人人皆知理宜疏導亦人人皆知將以

一大難籌餉繼莫遏因重築堤之說冀

在展拓河身讓地於河去勢或可稍

殺不知下流淤墊日甚一日勢愈緩則

沙愈滯隄加高則河加高俯視則隄

內如釜底之形倒灌則河身如建瓴之

勢隨決隨塞旋塞旋決每歲帑項數

十萬金何異投諸洪流乎且黃河

衝決奔放順逆無常儻竟北趨汛入

截捕伊於何底而前後數十萬災民羸
有斃於溝壑有肆其劫奪加以匪
首伏莽根株未絕將相搆煽禍亂滋
生臣所慮者不在外侮而先在內患也然
則疏導之功要於築隄疏導之費亦
十倍於築隄方今
朝廷籌亦海防整飭武備誠蓄憤圖雄
之善策先事預防之深謀顧防海
以禦外侮治河以靖內患均為
國家當今急務聞海防每歲所需不
下五六百萬兩河工大治計不過十萬兩

不可能一治之後費即可省不必歲歲

鉅款也

朝廷費十萬之帑金潤閭全百萬之生

命臣知

皇太后

皇上必不惜重帑而棄生靈也然必責

有攸歸事乃克濟山東巡撫吏治鹽

務治防政事較繁日不暇給即才

信精陳士杰有亦難兼顧雖嚴飭以

懲處究無補於事臣查河東河道

總督本兼轄山東河工頻歲安瀾武

責河南巡撫諸行無虞而移河道
總督於山東專轄兼事俾責無
旁貸猶必
特簡一公正廉明幹濟閎遠之重臣寄以總
河鉅任
隆其倚畀俾得以便宜並請先
命其周歷偏視審度地勢訪察輿情
毋避怨言毋膠成見東省官紳亦
當力顧全局不得各分畛域致滋
衆訟現橫既定然後施功則餉不虛
糜效可實獲山東河東泰武臨道究

沂濬海道運河道職司河工亦須簡為
守並優之員俾資臂助中外臣工如實
有通曉河務幹明任事者無論實缺候
補候選人員請
旨飭下在京六部九卿在外督撫據實保奏
不得以鑽營請託出安引私人亦不
得以其言無補於濫登薦牘至因此議
參之員才堪任用者亦許一律保薦
恭候
聖裁但不准自行投效為奔競開倖進之階
臣 恭繹

列祖
列宗聖訓諄諄以治河為急要再至三
諭戒臣工輒謂河務最難辦理災民尤可哀
矜而
慎簡河臣
屢頒帑項兢兢焉不惜帑金難支
祖
宗之用心深且遠矣臣智慮短淺罔補時艱
最懸之衷難其識默可否
飭下各該部大臣統籌後患詳細規畫或
交廷臣會議以期集思廣益詳臣中俾有

早識遠猷之備

聖明採擇其伏查

宸斷於衷施行則天下幸甚臣等幸甚不

獨東省瘡痍沐更生之慶也備諳

之見披瀝丹陳伏乞

皇太后

皇上聖鑒謹

奏 十二年十月十九日

日講起居注官翰林院侍講學士臣 惲彥彬跪

奏為敬抒治河管見恭摺演陳仰祈

聖鑒事竊臣恭閱邸抄

上諭太常寺少卿徐致祥奏山東河患日

水情急迫亟籌照係一摺交議部妥議具奏旋因

欽此仰見

朝廷軫念災區俯採邇言至意惟查

偏致祥原奏僅云併力疏導集款濟

用並未詳陳治法臣竊不揣愚昧參之

輿論證之前聞謹就所見縷晰敬

陳以備

採擇

一民埝宜力籌保護也查近代治河諸臣以東

水攻沙為不易之法欲束水必堅築

縷堤今之民埝即縷隄也前東省籌辦之

初議修民埝本屬治河正軌況因民

埝修而後洪逆無敵後更此議而皆民
埝之不足恃也於何其早廢不常講莫意
加培其失在因陋就簡而無其計之左也
遂復創建大隄然主議棄民埝最論紛
紜莫衷一是而河患遂不可問矣為今
之計非仍主束水之說不可蓋停淤愈
積愈高勢非人力所能施治惟有堅築
縷隄緊束河身逼水東注方能挾沙直
下游冀疏通今民埝之存者正可用以為
用惟民埝力弱宜就其舊址卑者高之薄
者厚之不得地勢者酌改之尤須寬築
後戧必使力能抗水堅若長城數載以

後淤刷淤深方無橫溢之患設或以河
身狹隘水不能容為患查前河臣靳輔
治南河時清江浦以下寬僅一二十丈靳
輔挑之始寬至四十丈見其防河事宜
疏中今大清河雖旁闊其狹處為半
里有餘以每里一百八十丈計之則寬已九
十餘丈何至以狹隘為慮設者又或以豫
省河寬一二十里為比豈知河自龍門建
瓴直下至豫省時其力尚迅挾沙而趨故
不嫌其寬若豫省以下則水力已緩允
兩岸緊束必至散漫停淤　故當日

南河自徐州而下河身俱窄今日東省情形亦與昔日徐州以下之情形無异也

一河流宜減不宜分也河身雖無嫌狹隘而連年漫洪淤墊日高夏秋盛漲誠有實不能容之勢山東撫臣議將盛漲減入徒駭是為豫備不虞之道然河流可減而必不可分減則無害正溜而水勢可殺極為良法分則牽動正溜河身必變其病况徒駭勢下於河勢高若全溜直趨徒駭復形狹隘勢將泛溢無歸或致直趨北趨為患甚鉅關繫實非淺鮮故議建減水壩必須詳審向

背度量高低務以資宣正溜為主

一河身宜酌量挑挖也黃河漫決一次則河身必有淤墊受病現在霜降水落急宜上下查看有灘露可以施工之處或挖引河或切沙嘴待春汛一至便可衝刷深廣其挖出之土即培築堤外以為後戧

一海口隄岸宜格外堅厚也上年陳士杰奏籌辦河防摺內有請築海口隄岸以治下游散漫之病一條甚為切要但其隄宜高寬丈尺與上游同因海口風潮衝激而不足以資抵禦必須格外

加厚或排釘木樁底可屹立不動此處曠無居民凡須多派兵丁晝夜巡防以專責成

一海口積淤宜設法疏濬也口門深廣而後河得暢行然近海沙泥滔天疏鑿難於措手查前河臣靳輔治南河時雲梯關積淤與今日之鐵門關無異靳輔於隄內左右分開引河一道使水自行冲刷而故河盡去今宜倣照行之以期深通寬暢至口外太平灣橫坡宜於潮落時逐層逐段設法爬梳

令其土性鬆浮以待潮來盪漾日久

自能銷化

一施工宜有次第也治河之法先自下游始

下游無阻而後上游可治宜趁水落

時先築海口隄岸以東散漫之勢並於

隄內倣照黃河舊法開挖引河以濶

深海口一面於河灘露處逐段施工

務將春融趕將續隄加高培厚減

水壩建置穩固於海口相機堵築決

口方可一氣貫注不復有旁築改決

此之云籌勿先求全就以致全而復決

一款項宜籌鉅款也興築大計固不可稍
有虛浮然亦不可過求節省節省太過則
事多遷就而無實用是欲省而轉費
也紀考求其故有二一由於當事大吏慮
同時鉅總款項難籌於是應大舉
者姑從小治率之旋作旋棄仍須從
層累而事機一失再施補救其費
反甚一由於辦工官吏窺測上意欲
求節省於是巧為迎合而需鉅款
者以數千計之人估重價者以減價
任之卒之偷工減料百弊叢生而終歸
無用故興大工者惟宜以核實為節

有閘東有大隄岩來以南北兩岸共
長一千八十餘丈祇用帑一百三十餘萬
可稱核實今欲因民埝為誘隄以
大隄此費例之計亦須一百三四十萬
雖民埝有原存基址似可較大隄稍
省而誘隄逼近河身與水相敵更
較大隄根外堅厚不可以原基之所有
照根外之增加功數約略相仿
利津兩岸搶築隄埝陳土亦原業
需民夫十七八萬兩若欲根外堅厚當
恐不敷加以疏暢海口挑挖河身建

減水壩坍築決口約每需銀數十萬兩總計不及三百萬可一律竣事果能事事着實處處合法則目前雖覺稍費而工堅耐久節省已在無形矣

一防守宜加勤謹也縷隄大隄現在均歸官修官守縷隄臨河最為險要自宜加意勤慎大隄既築亦不得因有縷隄便令荒廢譬如行軍以縷隄為前茅以大隄為後勁擬請以後凡有防河之責者立限二三年或二三年實力巡守汛內無失事者實缺准予超擢

或予調優候補立即拔委如該隄偶
有漫溢則將大隄竭力保護大隄賠
守准將保護大隄之功量減疏防議
隄之咎如大隄并決則核其情節從
嚴懲辦如此則有勸有懲趨事自
能踴躍矣

一攢險宜豫籌運費也覌開東省河
工奏定歲修及三十八年兩河定例
成兩壹萬銀即在其內計開支萬銀
正將及半切解攢備土料僱募民夫
若本年險工自足敷修築萬一有

險則搶臨事竭蹶擬請於額支歲
修外再預籌銀十餘萬兩於料賤
時覓爲儲備多積險要處所以是年
若無險則存留撥作次年額支之用遞
年預籌遞年匯撥如遇險工則準
其於額支不敷之外時有此項料物核
實動用撥款報銷庶免臨時辦有
錢不濟急之虞
以上各條屬在初議修築民埝之時即
如此認真舉辦早可期河流順軌
之休現在連年決溢淤積愈高辦理
之難已較前十倍貽害無施治似爲可

冀有成念此他日隐忧更无能为力

可否请

旨敕下部臣归入徐致祥所奏一并核议

如有可行即宜及时定计庶可剋

日兴工以期早纾民困是否有当伏乞

皇太后

皇上圣鉴训

示 光绪十二年十二月十一日

恽彦彬片

再黄河自郑氏厢决口后下游横溢踪

迹所淹每岁废粮几六七十万亩而

上下分肥之区可到之地不及十之四五

其南岸逼近河身，或當稍加粉飾。北
岸則河身距隄或數里或十餘里，狃於
多年漫不經心，故本年夏秋之交
北岸陡出險工，猝不及防，致至失事。
閱料物毫無儲積，現至南岸搬
借撥充數，纔搶築，仰賴
朝廷福庇，幸獲保全。茲痛定思痛，真
有不堪設想者。豫省情形所處地如
此，今若東省實力興修，堤築完固，則
水性蹈瑕抵隙，豫工寔岌岌可危。
若東省漫溢，則前下游河身愈墊

愈高不數年間必別尋去路則豫
省亦將受害無窮
敕
下河臣悉心查勘凡工之緊要者奉
道歷及早修築加培堅厚工完之年
總及隄岸臨河其逶其或短絀領款
以補他處之不足迎期帑項追之歸
公工程實之着實稍有廢弛者
則惟該河督是問臣督豫省雖
他情形難有設闲故為再有計即
不能不為豫省慮也臣為豫籌保完

善云區起見謹附片續陳伏乞

聖鑒謹

奏十一年十一月十一日

已繕

工部尚書臣宗室福錕等謹

奏為遵

旨妥議具奏事光緒十一年十月十九

日內閣奉

上諭太常寺少卿徐致祥奏山東河

患日深請旨籌興修一摺著該部

妥議具奏等因欽此欽遵於二十一

日抄出到部查原奏內稱東省黃

河入海積沙百餘里理宜疏導特

以工大餉絀因主築隄之說冀其展

拓河身讓地於河其勢或可稍
殺不知下游游勢愈緩則沙
愈滯且黃河沖激奔放順逆無常
疏導之功要於築隄疏導之費亦
十倍於築隄河工大治計非千萬
兩不可然必責有攸歸事乃克濟
查河東河道總督本兼轄山東汴
工頻歲安瀾或責河南巡撫暫行
兼管而移河東總督於山東專轄
厥事並請

命下其周歷審度地勢可居

飭下部臣統籌緩急詳細規畫或

交廷臣會議以期集思廣益等語臣等

查山東省自黃河漫決以來頻遭水

患日甚一日光緒九年侍郎游百川

撫臣陳士杰議以大清河南北兩岸

上自東阿下訖利津普築長堤並

修民埝以資保障厥後伏秋汛內

上下游新修堤埝相繼沖決每年

漫決多處雖經先後堵合而趙莊

滏漳兩口至今尚未合龍該省河患頻仍小民顛沛仰蒙

皇太后

上屢頒內帑賑撫窮黎百萬生靈同深感戴茲

宵旰之憂終未能釋若能以長隄之岌岌雖保而瀕河州縣處處可虞也該處御所宸衷併力疏導積歉潟用涸闕當務之急惟請移河督於山東一節查上年御史吳壽齡請將河

特移駐山東茲據臣部奏請
飭下山東撫臣東河督臣會同妥議具
奏旋據河臣成孚撫臣陳士杰以
東省黃河距豫較遠河督未能統
治河臣總司考覈每屆伏秋周歷
稽察駐工防守一遇盛漲出險迭
來躬督搶護已覺鞭長莫及若
再兼顧東省工程相去千有餘里
工遠境隔必致有誤事機山東
河工請仍由撫臣兼辦等語會同

覆奏，查參本年豫省黃河擾該
河營兵報工險，倍於曩昔，辛埽催
料物，全力籌辦，汴工獲慶安瀾。
查中牟、滎澤，萬處從前屢有
大工，實繫東南全局，近來一律安
穩，未始非河臣督率搶護之功。今
若移置山東，或恐顧此失彼，未便
率議更張，至該參御請
特派大臣
命其周歷審度地勢，訪察輿情，自係

慎重河防為民弭患都見臣等公
同商度擬請
特簡大臣前往山東躬親履勘統籌
上下游形勢宜如何大加疏導其
新築民埝應否加高培厚俾得
束水攻沙抑或就現在分流之處
堅築減水大壩以期盛漲時藉
資宣洩總須籌有辦法然後再
議撥員弁特來東省河勢大定
後應否增置一廳汛專設河督之

處一併熟籌妥議章程辦理是否
有當恭候
聖裁伏乞
皇太后
皇上聖鑒再此摺係工部主稿會同戶部
覈議合併聲明謹
奏
光緒十一年十一月二十一日

福錕等片

再臣等正在繕摺間由軍機處交
出十一月十一日軍機大臣面奉
諭旨翰林院侍講學士惲彥彬奏條陳
山東治河事宜一摺著該部歸入徐
致祥前奏一併妥議具奏欽此查原
奏九條大約主束水攻沙之法以為
舊時南河清江浦以下河身不過
四十丈今東省河寬有九十餘丈不
得以狹隘為慮總須堅築民埝

加高培厚際通河身方能收刷深之致而免橫決之患海口隄埝亦能其言多本之前河臣靳輔似可見諸施行但與現在情形是否相宜臣部未能懸度至挑挖河身疏通海口施工次第防守責成諸現在應辦之事其河流宜減不宜分一條亦為治河成法應俟

欽派大臣復由臣部鈔錄原奏行知該大臣詳細酌度是否可行統俟奏

報到日再行覈議所有臣等遵
旨一併妥議緣由謹附片具陳伏乞
聖鑒謹
奏
光緒十一年十一月二十一日